プロが教える
電験3種　受験対策

―合格に必要な考え方と解法の筋道―

問題を解きながら学んで合格！

「電気と資格の広場」幹事
電験1種合格

坂林　和重　著

弘文社

は し が き

　電験3種の試験は，合格まで長期にわたる人と短期間の人がいます。
　これは何が違うのでしょうか。
　答えは，勉強の仕方にあります。
　勉強の仕方で，試験範囲をまんべんなく勉強する人は，合格するまで長期間となります。（実力は付きますが）
　逆に試験に出るところを勉強する人は，比較的短期間に合格します。
　この本は，短期間に合格したい人のために書いた本です。
　そのため，試験に出ない（出る可能性の低い）項目は，割愛しました。
　この本で試験に出る問題を勉強して下さい。
　実力をつけるのは，合格してからでも遅くありません。
　合格しただけでも実力が付いているのですから。
　いずれにしても，効率的に勉強して，電験3種合格の栄冠を勝ち得て下さい。
　それから，もし，電験3種受験仲間がほしい時は，

　　　　　　　著者が幹事をしているホームページ
　　　　　「電気と資格の広場」URL
　　　　　（ＰＣ用）：http://cgi.din.or.jp/~goukaku/
　　　　　（携帯用）：http://cgi.din.or.jp/~goukaku/iMode/

に来て下さい。
　みんなで，わいわいやっているので，楽しいですよ。

　　　　　　　　　　　　　　　　　　　　　著者：坂林　和重
　　　　　　　　　　　　　　　　　　ByeBye＼(*^_^*) (*^_^*)／

― 目　次 ―

これで合格！　受験対策

1. 電験3種の受験動機 ……………………………………14
1－1. 受験の目的は何か ……………………………14
1. 不況の時代に強い …………………………14
2. 高収入が得られる …………………………14
3. 独立することもできる ……………………14
4. ダブルワークも可能 ………………………15

2. 試験概要 ………………………………………………16
2－1. 試験について …………………………………16
1. 合格率 ………………………………………16
2. 出題範囲 ……………………………………16
3. 試験にどんな問題が出るのか ……………17
4. 誰が問題を作るのか ………………………18
5. 電卓の使用 …………………………………18
6. 想定される問題レベル ……………………18
7. 何点とれば合格できるのか ………………18
8. 出題傾向 ……………………………………19
2－2. 受験資格 …………………………………………19
2－3. 願書の出願 ………………………………………19
2－4. 出題方式 …………………………………………21
2－5. 試験場 ……………………………………………21
2－6. 試験日 ……………………………………………21
2－7. 合格発表 …………………………………………21
2－8. 科目合格 …………………………………………21

3. 受験対策 ………………………………………………22
3－1. 考え方 ……………………………………………22
1. どのような考え方で勉強すればいいか …22
2. 合格しやすい人と合格しにくい人 ………22
3－2. 勉強法 ……………………………………………23
1. 参考書 ………………………………………23

2．問題集 …………………………24
　　　3．メディア …………………………24
　　　4．教育機関 …………………………25
　　　5．問題別勉強法 ……………………26
　　　6．その他 ……………………………27
　3－3．勉強時間 …………………………29
　　　1．合格までの勉強スケジュール …29
　　　2．何時間勉強すればよいのか ……29
　　　3．何冊の本で勉強すればよいのか …30
　3－4．困った時 …………………………30
　　　1．簡単に解ける問題と解けない問題 …30
　　　2．解らない問題があった時 ………30

4．本書について …………………………31
　4－1．この本で合格できるのか ………31
　4－2．本書の見方 ………………………31
　4－3．単位記号・定数・ギリシャ文字 …32
　4－4．この本の特徴 ……………………34
　4－5．この本には，どのような問題が載っているのか …34

5．試験に合格してから …………………34
　5－1．科目合格した時 …………………34
　5－2．全科目合格した時 ………………34

6．資格取得後にやるべき事 ……………35
　6－1．資格取得したらどうするのか …35
　　　1．営業力が必要 ……………………35
　　　2．営業力を付けるには ……………35
　　　3．人脈が必要 ………………………35
　6－2．電験3種試験の意義 ……………36
　6－3．電気主任技術者の地位 …………36
　6－4．電気主任技術者は，どのような仕事をするのか …36
　6－5．資格の必要な電気工作物の範囲と資格の概要(1) …37
　　　1．電気工作物の種類 ………………37
　　　2．必要な資格 ………………………37
　6－6．資格の必要な電気工作物の範囲と資格の概要(2) …38
　　　1．資格の概要 ………………………38

2．免状の種類と監督できる範囲 ……………………39
　　3．その他の取得できる資格 …………………………39
7．その他 …………………………………………………40
7－1．試験に関するQ&A ………………………………40
　　1．受験申込時 …………………………………………40
　　2．受験申込後 …………………………………………40
　　3．試験に関すること …………………………………41
　　4．試験終了後 …………………………………………41
　　5．通知書等の再交付について ………………………42
　　6．その他 ………………………………………………42
7－2．電気主任技術者関係の問合せ ……………………43
7－3．財団法人 電気技術者試験センター ………………44
7－4．電気部品図記号対比表 ……………………………45

第1編　理　論

出題の傾向とその対策……47

第1章　静電気 …………………………………………48
　1　静電力，電界の強さ，電位 …………………………48
　2　電気力線，ガウスの定理 ……………………………50
　3　静電容量，電荷，電位差の関係 ……………………54
　4　静電エネルギー ………………………………………56

第2章　磁　気 …………………………………………58
　1　電流による磁界の強さ ………………………………58
　2　電磁力の大きさと向き ………………………………60
　3　電磁誘導とインダクタンス …………………………62
　4　磁気回路の取扱い ……………………………………64
　5　コイル1，2を直列した場合の合成インダクタンス …66
　6　磁気エネルギー ………………………………………68

第3章　直流回路 …………………………………………70
　1　導体の電気抵抗 ………………………………………70

- 2　オームの法則 …………………………………72
- 3　抵抗の温度係数 $α$ …………………………74
- 4　直並列接続抵抗の合成抵抗 …………………76
- 5　抵抗（交流ではインピーダンス）のY-△変換 …78
- 6　電気回路の基本定理 …………………………82
- 7　ブリッジ回路の平衡条件 ……………………84

第4章　交流回路 …………………………………86
- 1　直列共振，並列共振 …………………………86
- 2　ひずみ波交流の取扱い ………………………88
- 3　三相交流回路の電圧・電流の関係 …………90
- 4　三相交流回路の電力 …………………………92

第5章　電気・電子の計測 ………………………94
- 1　電気計器の原理と適用 ………………………94
- 2　単相，三相電力の測定 ………………………96
- 3　倍率器，分流器 ………………………………98
- 4　誤差率 ………………………………………100

第6章　電子工学 …………………………………102
- 1　平等電界，磁界中の電子の運動 ……………102
- 2　半導体 ………………………………………104
- 3　トランジスタ増幅回路 ………………………106
- 4　演算増幅器 …………………………………108

第2編　電力

出題の傾向とその対策……111

第1章　水力発電 …………………………………112
- 1　水車の種類 …………………………………112
- 2　水力発電所の出力 …………………………116
- 3　調速機 ………………………………………118

第2章 火力発電 ... 120
1. 蒸気サイクル ... 120
2. 熱効率向上策 ... 122
3. 熱効率 ... 124
4. 大気汚染防止 ... 126
5. ガスタービン発電 ... 128

第3章 原子力発電 ... 130
1. 原子炉の構成（軽水炉） ... 130
2. BWR（沸騰水形）とPWR（加圧水形）の比較 ... 132

第4章 変電設備 ... 134
1. 変圧器の結線 ... 134
2. 変圧器並列運転時の負荷分担 ... 136
3. 調相設備 ... 138

第5章 送配電線路 ... 140
1. 中性点接地方式 ... 140
2. 雷害対策 ... 142
3. 誘導障害防止 ... 144
4. パーセントインピーダンス％Z ... 148
5. 短絡電流 I_s，短絡容量 P_s ... 150
6. 電圧降下 v，電圧降下率 ε ... 152
7. 電力損失 P_l，電力損失率 α ... 154
8. 架空送電線のたるみ D，電線実長 L ... 156
9. ケーブルの充電電流 I_c，充電容量 Q_c ... 158
10. 地中ケーブルの許容電流 ... 160

第6章 電気材料 ... 162
1. 磁性材料（変圧器，電動機の鉄心） ... 162
2. 絶縁材料 ... 164

目　次

第3編　機　械

出題の傾向とその対策……167

第1章　直流機 …………………………………168
 1　誘導起電力の公式 ………………………168
 2　回転速度の公式 …………………………170

第2章　同期機 …………………………………172
 1　同期発電機の誘導起電力と負荷角 ……172
 2　短絡比 ……………………………………174

第3章　変圧器 …………………………………176
 1　変圧器の電圧 ……………………………176
 2　変圧器の試験 ……………………………178
 3　変圧器の特性 ……………………………180

第4章　誘導機 …………………………………182
 1　等価回路 …………………………………182
 2　誘導電動機の回転磁界と回転子の相対速度 ……184

第5章　自動制御 ………………………………186
 1　周波数伝達関数（1） …………………186
 2　周波数伝達関数（2） …………………188
 3　単位ステップ応答 ………………………190

第6章　照　明 …………………………………192
 1　完全拡散面の輝度 ………………………192
 2　完全拡散面の光束発散度 ………………194
 3　HIDランプ ………………………………195

第7章　電　熱 …………………………………196
 1　熱量の計算 ………………………………196
 2　熱の流れとオームの法則 ………………198

3　電気加熱の種類 ……………………………………………… 200

第8章　電気化学 …………………………………………………… 202
　　1　一次電池・二次電池 ………………………………………… 202
　　2　ファラデーの法則 …………………………………………… 204

第9章　電動力応用 ………………………………………………… 206
　　1　揚水ポンプ用電動機の所要出力 …………………………… 206
　　2　送風機・通風機用電動機の所要出力 ……………………… 208

第10章　パワーエレクトロニクス ……………………………… 210
　　1　整流回路の電圧 ……………………………………………… 210

第11章　情報処理 …………………………………………………… 212
　　1　論理回路 ……………………………………………………… 212
　　2　プログラム言語 ……………………………………………… 215

第4編　法　規

出題の傾向とその対策 …… 219

第1章　電気設備技術基準 ………………………………………… 220
　　1　接近状態 ……………………………………………………… 220

第2章　電気設備技術基準の解釈 ………………………………… 222
　　1　総　則 ………………………………………………………… 222
　　2　電気の供給のための電気設備 ……………………………… 224
　　3　電気使用場所の施設 ………………………………………… 226
　　4　屋内配線 ……………………………………………………… 228

第3章　電気事業法 ………………………………………………… 230
　　1　電気設備技術基準への適合 ………………………………… 230

第4章　電気事業法施行規則 ……………………………………… 232

1　電気主任技術者の監督範囲 …………………………………………232

第5章　電気関係報告規則 ……………………………………………234
　　1　報告規則 ………………………………………………………………234

第6章　電気用品安全法 …………………………………………………236
　　1　電気用品の定義 ………………………………………………………236

第7章　電気工事士法 ……………………………………………………238
　　1　電気工事士の資格 ……………………………………………………238

第8章　施設管理 …………………………………………………………240
　　1　受電設備管理 …………………………………………………………240
　　2　送配電線の損失低減 …………………………………………………242
　　　(1)　電線路の絶縁抵抗値 ……………………………………………242
　　　(2)　耐圧試験時の電源容量 …………………………………………243
　　　(3)　電動機地絡時の対地電圧 ………………………………………246
　　　(4)　1線地絡電流の計算式 …………………………………………248
　　3　支線に加わる張力と素線条数 ………………………………………250
　　4　負荷率・需要率・不等率 ……………………………………………254
　　5　変圧器の損失・効率 …………………………………………………256
　　　(1)　変圧器の効率 η と最高効率時の負荷 P ……………………256
　　　(2)　変圧器の全日効率，日負荷率 …………………………………258
　　6　流込み式・調整池式・貯水池・揚水式発電所 ……………………260
　　　(1)　水力発電所運用 …………………………………………………260
　　　(2)　調整池式水力発電の運用計算 …………………………………262
　　7　力率改善・コンデンサ ………………………………………………264

索引 …………………………………………………………………………266

これで合格！

受験対策

受験への不安を解消！

①. 電験3種の受験動機

1-1. 受験の目的は何か？

1. 不況の時代に強い

　不況が続いてもう20年です。巷の新聞では，ほぼ毎日「倒産」・「リストラ」・「就職難」などの文字が，踊っています。厳しい時代になりました。バブルの好景気が夢のようです。特に中高年には，いまの時代，厳しいようです。企業は，人件費など，固定費を削減しようと躍起になっています。一番やりやすい固定費の削減が，人員削減です。人員削減のターゲットになるのが，新卒採用の削減と不要人員の削減です。この時代を生き抜くには，誰にも負けない強みを持つことです。その一つの手段として，電験3種の取得が，あります。電験3種は，電気技術者の登竜門と言われています。確かに，電験3種を取得して初めて，電気技術者として，一人前に認めてくれるところが多いようです。

　また，電験3種を取得している技術者は，技術的な知識もあり，重要な仕事をしているようです。

　すなわち，人事考課において，人物評価が同じであれば，電験3種を取得している技術者が，たいへん有利と言えます。就職や転職においても，断然有利です。

2. 高収入が得られる

　電験3種は，難関試験の一つです。常に，人材不足です。そのため，多くの企業で，**資格手当**が支給されています。金額は，数千円のところから，2～3万円のところと，色々あるようです。また，合格した場合は，合格祝金を支給しているところもあるようです。資格手当がない場合は，人事考課で，それなりの**地位**に抜擢して，給与を増額しているところもあります。すなわち，電験3種を取得している技術者は，そうでない場合に較べ，高収入の場合が多いのです。

3. 独立することもできる

　電験3種の資格取得者は，資格を生かして，独立することもできます。資格取得者が，**電気管理士事務所**を開設するのです。**電気管理士**事務所を開設した場合，営業力があれば，高収入が得られます。経済産業省は，電気の安全を確保するために法律で，高圧受電（交流で600V以上の受電）の需要家に電気主任技術者を置くように定めています。基本は，自社の社員から電気主任技術者

（電験3種の資格取得者）を選任しなければなりませんが，難関資格である電験3種に合格した社員が，そう簡単に見つけられません。そのため，社外の電気管理士事務所に委託します。その場合，需要家は，月に1回の半日点検で，2〜4万円の**点検料**を支払います。また，電気工事が発生した場合は，技術的確認として，工事金額の何％かが，**電気管理士事務所**の収入となります。以上から，営業力のある電気管理士事務所は，サラリーマンに較べ，極めて高収入を得ています（この場合，営業力が，重要となってきます）。

4. ダブルワークも可能

上記2件の中間として，サラリーマンを続けながら，高収入を得ることもできます。すなわち，自分の休日に企業と契約し，電気設備の点検を請負うことで，点検料が，**副収入**となるのです。この場合注意すべき事は，どこまで契約するかで，収入に大きく差が出ることです。それと，公務員の場合は，副業が禁止されているようです。

2. 試験概要

2-1. 試験について

1. 合格率

第3種電気主任技術者試験合格率 （単位：人）

年　度	受験申込者	受験者	合格者	合格率(%)	科目合格者
平成05年度	33,557	24,323	3,490	14.3	—
平成06年度	39,037	28,548	3,903	13.7	—
平成07年度	50,597	39,077	4,160	10.6	23,970
平成08年度	62,759	51,895	8,646	16.7	26,976
平成09年度	70,362	59,025	7,982	13.5	18,403
平成10年度	65,836	54,386	5,804	10.7	18,203
平成11年度	63,594	52,358	6,238	11.9	24,622
平成12年度	67,354	55,767	6,703	12.0	17,068
平成13年度	65,604	53,446	6,490	12.1	21,761
平成14年度	66,867	53,804	4,364	8.1	15,477
平成15年度	67,966	51,480	5,336	10.4	15,583
平成16年度	59,919	44,661	3,851	8.6	15,140
平成17年度	56,676	42,390	4,831	11.4	16,423
平成18年度	54,611	41,133	4,416	10.7	12,858
平成19年度	55,234	40,608	3,647	9.0	11,939
平成20年度	54,509	40,140	4,361	10.9	15,350
平成21年度	64,259	47,593	4,558	9.6	17,140
平成22年度	68,471	50,794	3,639	7.2	14,240
平成23年度	67,844	48,864	2,674	5.5	13,245

（注）　受験者数は，1科目でも出席した方の合計　合格率（％）は，合格者数÷受験者数

　合格難易度は，表のように毎年8〜15％と難関試験です。多くの合格者は，合格までに数年を要しているようです。
　もっとも，**出題レベル**が，工業高校卒業程度を想定していますので，3年間かかるのが普通です。

2. 出題範囲

　試験範囲は，次のように，極めて広範囲となっています。
1）理論
　　電気理論，電子理論，電気計測，電子計測
2）電力
　　発電所及び変電所の設計及び運転，送電線路及び配電線路（屋内配線を含

む）の設計及び運用，電気材料
3）機械

電気機器，パワーエレクトロニクス，電動機応用，照明，電熱，電気化学，電気加工，自動制御，メカトロニクス，電力システムに関する情報伝送及び処理
4）法規

電気法規（保安に関するものに限る），電気施設管理

3. 試験にどんな問題が出るのか

4科目とも，五者択一式です。問題の選択肢が五個あり，その中から正解と思われる回答の番号を選択するものです。また，問題数は，各科目ごとに下記のようになっています。（平成15年度から問題数が増えました）

科　目	理　論			電　力			機　械			法　規		
種　類	A	B	計	A	B	計	A	B	計	A	B	計
論説問題	6	2+0	8	12	0+0	12	10	0+0	10	10	0+1	11
計算問題	8	2+4	14	2	3+3	8	4	4+4	12	0	3+2	5
合　計	14	4+4	22	14	3+3	20	14	4+4	22	10	3+3	16

（注）　論説問題は，空白問題や，正誤問題です。また，計算問題には，公式を求める論理問題も含めました。（論説問題と計算問題の比率は，過去のデータによるもので必ずしも正確でありません）

　　ここで，AとBは，A問題とB問題を表しています。
　　また，B問題は，さらに(a)と(b)にわかれて，2問になっています。
　　4+4などは，(a)+(b)の問題数です。

表を見て解るように，理論は，

> 論説問題が，8問
> 計算問題が，14問

となっています。論説問題は，理論的知識が問われる問題となっています。

また，電力は，

> 論説問題が，12問
> 計算問題が，8問

となっています。すなわち，知っている知識量を問われる問題となっています。

同様に，機械は，

> 論説問題が，10問
> 計算問題が，12問

となっています。計算力と知識量が問われる問題となっています。

法規 は，

> 論説問題が，11問
> 計算問題が， 5問

となっています。電力同様，知っている知識量を問われる問題となっています。

4. 誰が問題を作るのか

電験3種は，国家試験です。正式名称は，電気主任技術者国家試験第3種と言います。略して，電験3種です。そのため，誰が問題を作成しているかは，全くの機密となっています。ですが，大学の教官が作成していると言われています。もちろん問題が事前に漏れることは，ありません。

5. 電卓の使用

以前は，電卓使用不可でしたが，平成14年度から，電卓が，使用可能になっています。**使用可能な電卓**は，プログラム機能のない電卓です（正確には，メーカー名と型式が試験センターから発表になりますので，試験センターに確認して下さい）。

このことによって，簡単な計算式でなく，複雑な計算式を必要とする問題が，出されるようになりました。

試験までには，使用する電卓に慣れておく必要があります。

6. 想定される問題レベル

想定される問題のレベル（**難易度**）ですが，工業高校の**電気科卒業レベル**と言われています。

ですが，工業高校卒業生が，合格するのは珍しく，ほとんどの人は，卒業しただけでは，合格できません。その難易度を考えた場合，工業高校3年間で学習する全科目の試験で，どの科目でも満点近い点数の取れるレベルを求められています。

7. 何点とれば合格できるのか

ほかの国家試験同様，60点以上が，**合格ライン**です。ですから，4科目とも60点以上であれば，電験3種に合格します（ただし，合格率が，8～15％の間に入るように，若干の**合格ライン調整**を行っているようです。そのため，70％の正解が，安心できるラインのようです）。逆に言えば，合格だけを目指すのであれば，70％以上を取る必要がありません。また，更に言えば，100点を取る

8. 出題傾向

必要がありません。

出題は，毎年傾向があります。目的が，電気の知識を問うことですから，目的にあった問題を出題します。そのため，目的に適した**解ける問題**は，有限です。数に限りがあります。そのため，過去に出題された**類似問題**が，繰返し出題されます。**繰返し周期**は，問題にもよりますが，**約5年周期**です。しかし，出題される時は，過去の問題と比較して，同じ問題にならないように，確認されます。そのため，受験生は，よほどよく見ないと，類似問題と気づきにくいと思います。しかし，問題を良く理解できている人には，過去に出題された問題の類似問題として，回答することができます。本書は，その点に注意して，出題されそうな過去問題を適切に配置して，学習できるように構成しています。

2-2. 受験資格

受験資格は，何も必要ありません。国籍，年齢，性別，経験など，何も問われません。必要なのは，受験願書を規定どおり提出して，正規に試験を受験して，合格点を取得すればいいのです。ただ特殊な例として，不法行為で，資格を剥奪された場合や，すでに電験3種に合格している人は，受験させてくれるかどうか不明です（事実，電験取得済の人が，実力確認のため受験しようと出願したら，「なぜ受験するのか」と電話で問い合わせされて，本人も面倒になり，受験を取りやめたというのを聞いています）。

2-3. 願書の出願

※日程等は変わることもありますので，必ず事前に確認しておいて下さい。

試 験 種 別	第3種電気主任技術者試験
受験申込書配布時期	毎年5月上旬頃から
受験申込書受付期間	5月上旬～6月上旬
試 験 実 施 日	毎年8月下旬～9月上旬の日曜日
試 験 手 数 料	郵便申込 5,200円・インターネット申込 4,850円

第3種電気主任技術者試験の科目合格留保者は，受験申込書類一式を上記の配布時期に試験センターから直接本人宛に送付されます。ただし，住所変更等により万一届かない場合もありますので，その場合は試験センター本部事務局へ連絡し入手してください。

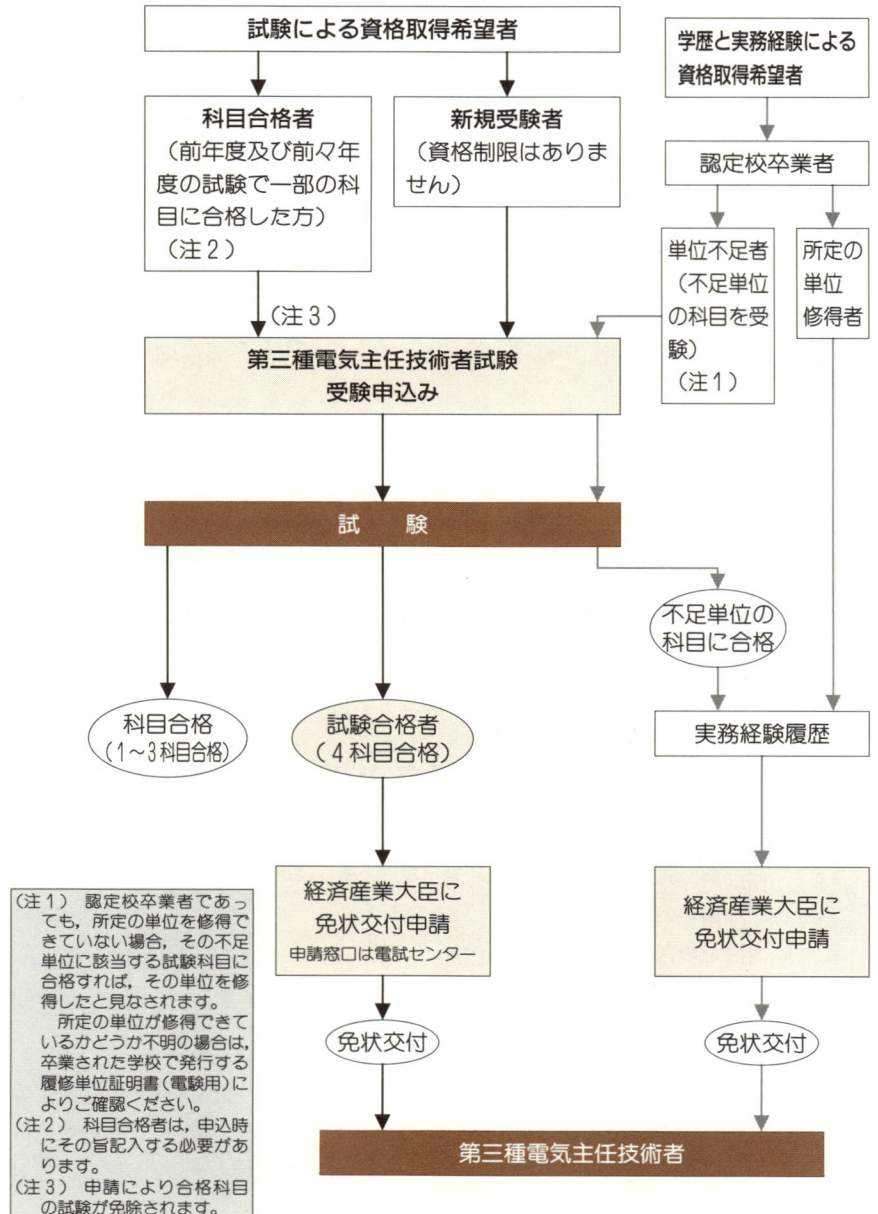

2-4. 出題方式

5者択一式で，解答用紙は，マークシートになります。そのため，試験では全く回答できない事がありません。何らかの回答ができます。

2-5. 試験場

㈶電気技術者試験センターから，受験票と共に連絡があります。

2-6. 試験日

毎年8月下旬～9月上旬の日曜日で，1日間の試験です。

2-7. 合格発表

下記のいずれかで，確認します。
㈶電気技術者試験センターのホームページ又は携帯電話で検索をする。
試験結果通知書（合否の通知）が発送されます。

2-8. 科目合格

平成7年度より，「科目別合格制度（科目合格留保制度）」が，導入されています。この制度は，1回の試験で，4科目全てに合格しなくても，3回の試験で，4科目に合格すればよい制度です。すなわち，3年間の間に4科目に合格すればよいのです。例で説明しましょう。

次の表のように1年目に「理論」と「法規」が科目合格したとします。すると，2年目は，不合格となった，「電力」と「機械」だけ受験すればよいのです。また，3年目は，更に不合格となった「機械」だけ受験すればよいのです。そして，3年以内で，4科目全てに合格すれば，はれて，第3種電気主任技術者となることができるのです。

ただし，3年以内に4科目の合格ができない場合は，3年を過ぎた科目について，やり直しとなります。3年を過ぎた科目と合格していない科目を受験しなければなりません。

試験科目	試験の結果			
	1年目	2年目	3年目	4年目
理 論	合格	－	－	再受験
電 力	×	合格	－	－
機 械	×	×	×	再受験
法 規	合格	－	－	再受験

×：科目不合格，－：受験免除
上の例で4年目は，3科目受験です。

③. 受験対策

3-1. 考え方

1. どのような考え方で勉強すればいいか

・受験動機をしっかり持つ

　やはり，重要なのは，受験動機を明確にすることだと思います。「何となく受験する」という受験態度では，難関試験に合格できません。なぜ，電験3種を受験するのか，これが一番大事です。

・常に時間を作って勉強する

　社会人になってからの勉強時間は，極端に少なくなります。仕事が忙しいからです。ですが，受験生のほとんどは，社会人で同じ条件です。あなたよりも忙しい人で，電験3種に合格している人もいます。条件は，同じで万人に等しく1日24時間です。うまく工夫して，受験勉強をして下さい。ちなみに，筆者の受験勉強は，通勤電車の中でした。休日は，図書館でした。

2. 合格しやすい人と合格しにくい人

　合格しない人に2種類の人がいます。よく勉強する人と，勉強しない人です。勉強しない人は，想像できると思います。「時間がなかったから」「試験が難しかったから」が，おもな言い分けです。10人中9人までが，このタイプです。もう一方のよく勉強するけれども，合格できない人は，重傷です。著者は，その人になぜ合格できないか理由を説明してあげるのですが，なかなか理解してくれません。このタイプの人が合格できない理由は，性格から来ています。解らないことがあると，そのままにして次に進めない性格の人です。つまり，試験で100点を狙っている人です。しかし，100点は，そんなに簡単に取れるものではありません。毎年，解答速報が，発表されますが，2～3日して必ずといってよいほど訂正版が出ます。解答を作成するプロにしても，そうです（解答速報は，電験1種に合格した人が2～3人で作成しています）。

　皆さんは，電験3種を受験しているのであって，解答速報を作成しているのではありません。

　すなわち，100点を取る必要が無いのです。むしろ，取れないと思った方が良いです。**100点を目指す**，それは，労多くして，かなり道のりの遠いものです。かく言う著者も，100％確実に100点を取れるか自信ありません（4科目，64問

の中で，1〜2問は，勘違いによる間違いを起すかも知れません。勘違いを起す，それが人間です）。ましてや，電験3種を目指す受験生が，知らない問題が出ることを恐れて，100点を狙うのでは，合格までに10年以上を要します。本書での勉強も，書いてある問題の70％が，正解できればよいと考えるのが，現実的です。本書も，多くの例題をあげていますが，その例題の70％が回答を見ずに正解できれば，合格間違いないように作成されています。また，電験3種の問題が，90％以上正解できる実力者は，電験2種を受験しても良いレベルに達しています（これは，筆者が，長年に渡り電験受験教育をしてきた事実です）。

すなわち，理解度を次のように設定して下さい。

本書例題の正解率	受験レベル
60〜70%	**電験3種合格レベル**
70〜95%	電験2種も狙えるかもレベル
95〜	電験1種受験準備スタートレベル

（注）本書の例題は，全て電験3種受験生用です。
　　　電験1種や電験2種の問題が入っているので，100%にならないのではなく，電験1種や電験2種の人でも電験3種の問題全てをパーフェクトに回答できないと言うことです。

3-2. 勉強法

1．参考書

・**参考書は，レベルが高い**

　参考書は，一般に試験に出題される可能性のある項目を全て書いてあります。なぜそうなるかと言いますと，参考書作成者は，「参考書に書いてない内容が試験に出た」と言われるのが困るのです。問題集の場合もそうです。本に書いてない内容が試験に出たと言われるのが，困るのです。それで，自然と，参考書や問題集の内容が難しくなります。一般に，「電験3種の本は，電験2.5種。電験2種の本は，電験1.5種」と言われています。皆さんは，電験3種の受験生です。ですから，電験3種の参考書は，全て理解できなくて当り前です。皆さんに求められている知識より参考書の方がレベルが高いのです。

・**どのような図書で勉強するのがいいか**

　では，どのような参考書が良いのでしょうか。結局は，皆さんが，理解し

やすいと思う参考書が，**一番良い本**です。**私が勧める本**は，絵や図が沢山書いてある本です。電験で出題される電気の問題は，物理学の一分野です。物理学は，現象が主体となる学問です。そのため，どのような現象となるか，絵や図解で理解が進むのです。

それと，なるべく**例題の多く書いてある参考書**が良い本です。それは，自分の実力を確認しながら勉強できるからです。解説だけの参考書では，解説をどこまで理解すればよいのか判断できません。そのため，この参考書は，問題を中心に構成してあります。問題を解きながら，着実に実力を身につけて下さい。

2. 問題集

・過去問題集がよい

前で，どのような参考書が良い本かを説明しました。では，問題集は，どのような本が良いのでしょうか。各出版社から，**予想問題集**が，出版されていますが，あまりお勧めできません。もし，予想問題集を購入するのであれば，信用できる出版社のみにして下さい。その理由は，参考書で述べているように，**レベルの高い問題**が掲載されている事が多いからです。問題作成者は，「予想問題が解けたのに，電験3種の本番試験で不合格となった」と言われるのが困るからです。そこで，著者が考える**良い問題集**は，**過去問題集**です。過去問題集であれば，過去に出題された，問題です。レベルが高い心配がありません。過去問題で，5年間または10年間の問題が，収録されている本を購入するのがよいでしょう。5年間にするか，10年間にするかは，試験日までに残された日にちと，自分の**学習ペース**と，**合格の確実性**で，判断して下さい。

3. メディア

・ビデオ学習

世の中には**電験受験用のビデオ**が，販売されています。一つの学習法として有力な手段です。学校で勉強する時のように，**講師の指導**で勉強できます。講師の表情や説明の仕方で，重要項目が何であるか理解できます。人によっては，「ビデオは，一方的な情報であまり良くない」という人がいますが，あながちそうとも言えません。普通の学校で勉強する時も，講師からの一方的な説明で，質問する事が少ないはずです。またビデオは，繰返し学習できます。納得できるビデオが手に入るのであれば，**検討の価値ある学習法**です。

・通信教育

通信教育は，**学習のペースを自分で作れない人向け**です。学習のペースを**通信教育のカリキュラム**で作るのです。そして，通信教育を終了する事で，受験準備ができます。しかし，どこの通信教育を受講するかは，十分検討すべきです。過去に著者が相談を受けたものに，**詐欺まがいのものがありました**。また，電験3種の問題と称して，電験1種の問題を送付している会社もあります（『無事に終了したら，受講料を半額返却』と称していました）。

・パソコンのソフト

パソコン用 CD-ROM で，**学習するソフトが販売されているようです**。内容は，**ゲーム感覚で学習**できるように構成されています。歴史が浅いですが，一つの方法として，試してみるのも良いでしょう。

・インターネット

インターネット学習が一部で始まったようです。インターネット学習をeーラーニングと言います。eーラーニングは，パソコンで勉強するので動画もあり学習効果がありそうです。さらには，**学習効果の管理**も自動でやってくれるコースもあるようなので今後が楽しみです。自宅で都合の良い時間に勉強できるので良いかもしれません。重要なのは，継続性です。それとeーラーニングは，**受験仲間が見つけにくい**のが今後の課題かと思います。価格が高額なので，どうしても**1回で合格したい人**や他の方法で挫折した**場合の選択肢**になるかもしれません。

4. 教育機関

・教育機関を利用した方が良いか？

教育機関には，いくつか種類があります。

1. 都道府県が主催している，公共的な講座
2. 大学などの教育機関が主催している講座
3. 有名出版社が主催している講座
4. 社内で主催している講座
5. 講座を業としている会社の講座

それぞれ良いところがあります。

一番安心できるのが，都道府県が主催している，公共的な講座です。元もと，利益を目的にしていないため，**低料金で**，受講できます。また，だまされる心配もありません。しかし，受講しての学習効果は，不明です。受講生

の評判を良くして，受講生を集めるという気があるかどうかで決ります。
　また，講座を業としている会社の講座は，心配なところがあります。利益目的で主催されていますので，「利益さえ出ればよい」的な，運営の会社もあります。ですが，良い会社の場合は，劇的な学習効果があります。それ以外の講座は，その中間です。もし，良い教育機関が見つかれば，受講する事によって，独学の数倍のスピードで合格する事ができます。是非，良い教育機関を見つけて，受講する事をお勧めします。

・有名教育機関

　おもな教育機関をあげますと，
　　1．都道府県の主催する，職業訓練校
　　2．電気書院やオーム社など出版社が直接主催する講座
です。
　この辺であれば，心配無いと思います。
　チョット冒険して，月刊誌に掲載されている教育機関も良いかも知れません。

5. 問題別勉強法

・A問題とB問題の考え方と違い

　A問題は，比較的基本問題が多いようです。ですから，公式を良く理解して，公式が正しく使えるように勉強するのがよいでしょう（あくまでも，比較的なもので，顕著な傾向ではありませんが）。
　それに較べて，B問題は，**応用問題**が多いようです。また，特に特徴的な事は，B問題が，(a)(b)の2つに分かれている事です。(a)問題が解けると(b)問題が解きやすくなる仕組になっています。B問題は，(a)(b)が解けると高得点が取れるようになっています。そのため，B問題をぜひ解けるようにしましょう。勉強法は，問題の意味を正確に理解できるようにする事です。問題の意味を正確に理解できれば，(a)(b)とも簡単に解けると思います。

・論説問題と計算問題の考え方および勉強の仕方の違い

　論説問題と，計算問題の違いは，論理的に解くか，緻密に解くかにあります。論説問題は，**空白の穴埋め問題**や，**正誤問題**です。この問題は，論理的に問題をとらえているかを，問う問題です。**定性的に回答できれば**，正解の得られる問題が多いです。そのため，できるだけたくさんの本を読んでおけ

ば対応できます。計算問題は、計算式を使いますので、計算間違いの無いよう、正確に解ける練習をする必要があります。計算を自分で解いてみる事が、対応策になります。

6. その他

・どのように勉強すればいいか（対策）

参考書に書いてある事をできるだけ正確に理解する事に集中し、理解できないことがあったときは、他の参考書で調べるようにします。ただし、調べるのに何日もかかるようであれば、あきらめて、次の事に進みます（理解できない事に引きずられて、次に進めない人は、合格までに時間がかかります）。

一通り理解できたら、必ず問題を解いてみます。理解は、問題が解けるようになって初めて、自分のものになったと言えます。この時注意する事は、**決して回答を先に見ない事**です。まず自分で、鉛筆を持って、解いてみる事です。回答を目で追うだけで、理解できたと思わない事です。

・楽しく勉強するには

勉強は、苦しい場合が多いものです。特にスケジュール通りに進まない場合や、理解できない事があるとなおさらです。その時は、電験3種**受験仲間**を見つけて、その仲間と話をする事です。電験3種を受験する人は、自分一人で勉強する人が、多いようです。その場合、解らない事につまづき、挫折することが多いようです。ぜひ、受験仲間を作り、励まし合って、楽しく受験して下さい。

・SI単位について

SI単位は、約20年前に採用されました。おそらくみなさんが使っている参考書は、SI単位に対応していると思います。ですが時々**未対応の参考書**も見当たります。もし未対応の参考書の場合、**内容が、古い情報**で記述されている可能性もあります。**原理原則は、過去も現在も不変なのですが、重視する傾向の違いで合否に影響**します。5年以内に見直しや出版された書籍であれば問題ないはずです。

・連想して記憶する

電験は、試験範囲の広い試験です。そのため、全範囲に渡って勉強していくと、はじめに勉強した事を忘れてしまいます。そのため、繰返し同じ範囲を勉強します。そして、少しずつ憶えている事が増えていきます。少しでも

その憶えるのを助けるために，関連している事を連想して記憶する事をお勧めします。例えば，直流電動機を勉強する時は，直流発電機との共通部分や違いなどを意識しながら憶える事です。

・よく出る問題

　よく出る問題と，**ほとんど出ない問題**があります。よく出る問題の例は，トランジスタ増幅器の増幅度計算です。ほぼ，**毎年のように出題**されています。逆にほとんど出ない問題もあります。当然合格が目的の勉強ですから，**試験に出る問題**を勉強する必要があります。この本では，各科目の扉に試験に出やすい項目を書いてあります。各項目を勉強すれば，100点にならないかも知れませんが，70点以上は，確実に取れます。皆さんも，よく出る問題を勉強して，合格を勝ち取って下さい。まちがっても，**ほとんど出ない問題**を勉強して，100点を目指す事だけは，しないようにして下さい。

・重点を置く勉強法

　まず，自分の勉強すべき項目を決めて，弱点を集中して勉強しましょう。弱点を見つける良い方法は，過去問題集で，問題を解いてみることです。それで，自分が解けない問題が，どのような問題かを摑みます。解けない問題は，集中して勉強します。**弱点問題**が，60〜70点取れるようになったら，次の弱点問題に取り組みます。この方法で，**弱点を克服**していきます。これを，続ける事で，まんべんなく合格点が取れるようになります。

・自分の得意な解き方を身につける

　ふつう電験の問題は，解き方に2〜3の方法があります。問題集で示してある方法は，その1つです。もし，問題集に書いてある方法と別の解き方が，自分に合っている場合は，自分の解き方で勉強して下さい。例えば，キルヒホッフの法則が得意な人は，どんな問題でも，まずキルヒホッフの法則で解けるか検討して下さい。そうする事で，自分の得意な解き方ができます。自分の得意な解き方を身につける事が，実力アップにつながります。

・運良く合格の真実

　いろんなところで，**合格体験記**というものが書かれています。著者も書いた事があります。多くの場合『運良く合格できました』と書いてあります。この『運良く合格できました』という言葉は，注意して読む必要があります。

多くの人は，『運良く合格しました』を

　　たまたま勉強した問題が試験に出て，ラッキーにも合格できました。

と，間違って理解します。ですが，本当の意味は，

　　一生懸命勉強して，なかなか合格できなかったのですが，今回は，運良く合格できました。

と，理解すべきです。筆者は，長年に渡って電験3種の受験指導をしていますが，ほとんど勉強せず，ラッキーで合格した人を，見た事がありません（ごくまれに，ほとんど勉強せずに合格した人もいますが，その様な人は，数千人に一人です）。99.9％の人は，一生懸命勉強して，何とか合格しています。皆さんも努力をして，みんなで楽しく学んで，合格して下さい。

3-3. 勉強時間

1. 合格までの勉強スケジュール

　皆さんは，何月に電験の勉強をスタートする予定でしょうか。試験直後の9月，新年の1月，新年度の4月，……。人それぞれだと思います。そして，**試験日までの日数**も，人それぞれです。この本は，31章から，構成されています。いずれの人も一回は，全ての章を学習して下さい。

　そして，2回目に良く理解できなかったところを再度勉強して下さい。たぶん，2回目は，半分の15章くらいになっているでしょう。すると，全部で31章＋15章＝46章ですから試験日までに1章にかけられる日数がでます。試験までに3ヶ月（90日）ですと2日で1章を勉強する必要があります。6ヶ月前から勉強を始めると，4日で1章を勉強する事になります。著者の考えでは，試験の最低3ヶ月前から勉強する事が必要だと思います。

2. 何時間勉強すればよいのか

　前節の計算では，2日で1章を勉強する必要があります。しかし，多くの人は，仕事に追われて，勉強できないと言います。そこで，私の体験を述べましょう。私の場合は，仕事がハードな職場でまともな時間に帰宅した事がありませんでした。いつも勉強できるのが24：00からでした。そして，出勤が8：00

です。それで，勉強は，24：00〜03：00の3時間としていました（睡眠時間は，4〜5時間です）。この勉強スケジュールを10年間続けました。そして，転勤して，電車通勤の時は，通勤時間の2時間強×往復＝約5時間が勉強時間でした。これを，5年間続けました。また，社外に出向した時は，再度24：00〜03：00の3時間としていました（睡眠時間は，4時間程度です）。以上を平均してみると，3〜5時間が勉強に必要だと思います。私の真似をする必要はありませんが，長年この3〜5時間の勉強を続ければ，電験1種にも合格できます。電気を全く知らない人でも2〜3年で，電験3種に合格できると思います。

3．何冊の本で勉強すればよいのか

　電験3種であれば，自分にあった本を1冊繰返し勉強すれば，良いでしょう。あまり，本を代える必要はありません。むしろ，本を代えるよりは，同じ本を繰返し勉強する方が良く理解できます。あまり良くない本だと思ったとしても，極力代えない方がよいです。どんな本でも，各著者が理解すべきと思った事を理解しやすいように工夫して書いています。著者の意図が理解できれば，どんな本でも合格できる力がつきます。極力本を代えないで勉強しましょう。

3−4．困った時

1．簡単に解ける問題と解けない問題

　簡単に解ける問題は，心配ありません。困るのは，**解けない問題**があった時，どう対処するかです。解けない問題は，答を見ずに2日間考えましょう。そして，2日間で解けない場合は，あっさりと次の問題に取りかかりましょう。いつか，簡単に解ける時が来ます。それまで，あまり1つの問題に，こだわらない事です。

　1つの問題にこだわるよりも，解ける問題を2つ作った方が，合格点に近づきます。

2．解らない問題があった時

　解らない問題があった時は，相談できる人がいる時は，その人に聞きましょう（2日間自分で考えてからですよ）。**相談相手**は，同じ電験3種の受験仲間が一番良いです。お互いに質問される事で，勉強になります。また，勉強しようという意欲にもつながります。ぜひ，相談できる電験3種の**受験仲間**をつくって下さい。

④. 本書について

4-1. この本で合格できるのか

　この本は，**70点を目指す**本です。その70点を取るために，過去問題を著者が分析しました。分析の結果で，**試験に出やすい問題**を厳選しました。また，ほとんど出ない問題は，あっさりと切捨てました。

　ですから，この本で，100点を取る事はできません。ですが，70点を取る事ができます。70点を保証する事で，**合格を保証**しています。ぜひこの本で，70点を取って，電験3種に合格して下さい。

4-2. 本書の見方

　本書は，『編・章・節』の3段階と，『 この項で学ぶ事は，…… ・ 重要項目 ・ 解説 ・ 解法 ・ 正解 』の5要素に分れています。

　では，それぞれについて説明します。

　編は，次の4編から構成されています。

　　　第1編　理　論
　　　第2編　電　力
　　　第3編　機　械
　　　第4編　法　規

　この4編は，試験科目に，合わせてあります。**科目合格を目指す**なら，該当編から勉強して下さい。それぞれが，独立して，どの編から勉強しても良いように構成されています。

　そして，各編には，

出題の傾向とその対策

を書いておきました。これは，各科目で出題されやすい分野について説明しています。まず，「**出題傾向とその対策**」でどの様な問題が出るのか，傾向を見つけて下さい。傾向を見つける事で，合格率が，飛躍的に高くなります。

　次に，各編は，章に分けられています。この章の単位は，一つの章の中から試験問題が出ると著者が思う単位に分けてあります(例外もありますが)。ですから，**苦手な分野**を克服する場合は，章単位で勉強して下さい。

　各章は，更に，節に分けてあります。節は，一つの問題になっています。この問題は，過去に出題された問題で，これからも**類似問題**として，出題される可能性の高い問題を，厳選しています。**厳選した問題**は，過去20年間の**出題傾**

向を分析しました。分析の結果，繰返して出題されている問題で，5年以内に1回は，出題されそうな問題です。

節は，次の要素から構成されています。

1. この節で学ぶ事は，……
2. 重要項目
3. 解説
4. 解法
5. 正解

まず，「この節で学ぶ事は，……」は，節の中で，知ってほしい事が書いてあります。すなわち，それぞれの節での学習目的が書いてあります。各節を学ぶ前に，どの様な事を目的に学習するか，思い描いて下さい。

つぎの，「重要項目」は，節の中で，必ず覚えてほしい事を書いています。言い換えれば，各節の結論です。また，別の使い方として，一通り学習したあとで，再度読み返したり，試験直前に確認のため読み返すのも良いでしょう（英単語を覚えるように，短冊に書込んで，持ち歩いても良いでしょう）。

「解説」は，重要項目の解説です。なぜ重要項目が出てきたのか，どの様に使うかなどを書いています。重要項目の理解を助ける手段として下さい。

「解法」は，例題の練習です。そのまま模範解答になっていますので，「この問題は，こんな風に解くんだ!!」と言うように読み進めて下さい。できれば，解説を読んだところで，解法を見ずに自分で解いてみるのがよいです。

「正解」は，回答です。自分で解いた答と照らし合せて下さい。

4-3. 単位記号・定数・ギリシャ文字

おもに記号は次のように使っています。

電流：$I \cdot i$　電圧：$V \cdot E \cdot v \cdot e$　インピーダンス：$Z \cdot z$
抵抗：$R \cdot r$　キャパシタンス：$C \cdot c$
インダクタンス：$L \cdot l$

なお，小文字は，交流や瞬時値を示しています。例外がある場合は，その都度説明しています。

④. 本書について

定数は，下記を憶えておくと良いでしょう。

$$\pi = 3.14 \qquad \varepsilon_0 = 8.855 \times 10^{-12} \qquad \mu_0 = 4\pi \times 10^{-7} \qquad \frac{1}{4\pi\varepsilon_0} = 9 \times 10^9$$

$$\sqrt{2} = 1.414 \qquad \sqrt{3} = 1.732$$

$$\cos 45° = \sin 45° = \frac{1}{\sqrt{2}} \qquad \sin 30° = 0.5 \qquad \sin 60° = \frac{\sqrt{3}}{2}$$

$$\cos 30° = \frac{\sqrt{3}}{2} \qquad \cos 60° = 0.5$$

$\cos\theta = 0.6$ の時 $\sin\theta = 0.8$ または $\cos\theta = 0.8$ の時 $\sin\theta = 0.6$

$\log_{10} 10 = 1 \qquad \log_{10} 10^n = n$

$11^2 = 121 \qquad 12^2 = 144 \qquad 13^2 = 169 \qquad 15^2 = 225 \qquad 25^2 = 625$

$3^2 + 4^2 = 5^2$

ギリシャ文字は，下記の表です。

ギリシャ文字

大文字	小文字	ギリシャ名	読み方
A	α	alpna	アルファ
B	β	beta	ベータ
Γ	γ	gamma	ガンマ
Δ	δ	delta	デルタ
E	ε	epsilon	イプシロン
Z	ζ	zeta	ゼータ(ツェータ)
H	η	eta	エータ
Θ	θ	theta	シータ
I	ι	iota	イオタ
K	κ	kappa	カッパ
Λ	λ	lambda	ラムダ
M	μ	mu	ミュー
N	ν	nu	ニュー
Ξ	ξ	xi	クシー
O	o	omicron	オミクロン
Π	π	pi	パイ
P	ρ	rho	ロー
Σ	σ	sigma	シグマ
T	τ	tau	タウ
Υ	υ	upsilon	ユプシロン
Φ	ϕ	phi	ファイ
X	χ	chi	カイ
Ψ	ψ	psi	プサイ
Ω	ω	omega	オメガ

4-4. この本の特徴

　この本は，前にも書きましたが，100点を目指す本ではありません。合格を勝ち取る本です。そのため，**目標点数**を70点に置いています。もし，目標点数を100点にした場合は，この本の10倍以上のページ数にしても100点取れるかどうか解りません。ですから，試験問題で，この本に無い問題が出題されても，動揺しないで，別の問題を確実に回答して下さい。この本は，過去に出題された問題を分析して，出題の可能性が高い問題を70％以上カバーしています。この本に書かれている事を応用して，試験でいかにして70点を取るかという考えで勉強して下さい。

4-5. この本には，どのような問題が載っているのか

　この本には，過去の問題で，まだまだ出題される可能性の高い問題を掲載しています。**試験問題作成者**は，間違った問題を作成する事のないように，過去問題を参考にしています。さらに言えば，**過去問題の類題**が試験に出るのです（さすがに同じ問題は，でません。念のため）。
　ですから，この本の問題が解ければ，試験に合格できるように厳選した問題を掲載しています。この本の**類似問題**が，試験に出ると理解して，問題を勉強して下さい。

5. 試験に合格してから

5-1. 科目合格した時

　科目合格したら，翌年は，不合格の科目のみの受験となります。不合格の科目を合格発表の日より勉強して下さい。不合格になったとはいえ，**試験終了直後が，一番知識レベルの高い時**です。勉強せず，そのままにしておけば，半年後には，**知識ゼロ**になります。ゼロからの勉強では，**合格レベル**まで勉強するのに，また一苦労です。科目合格したら，翌年は，一気に**全科目合格**を目指しましょう。

5-2. 全科目合格した時

　めでたく全科目に合格した時は，電験3種の**免状申請**が必要です。事務手続は，㈶電気技術者試験センターが行っています。必要書類をそろえて，申請して下さい。この申請で，全てが完了です。

6. 資格取得後にやるべき事

6-1. 資格取得したらどうするのか

1. 営業力が必要

　電験3種の資格を取得したら，2つの道があります。一つ目は，企業内で，電気技術者として，活躍する道です。多くの企業では，電験3種合格者を優遇していますので，**活躍の場**が増えるでしょう。すぐに，自分の上司や人事課に合格した事を伝えましょう（合格した事をだれも知らなければ，優遇もされません）。ただし，不合格の人が近くにいる場合は，気配りも大切です。

　二つ目の道は，**電気技術者として独立**し，社会に貢献する事です。**独立**する多くの人は，**電気管理事務所**を開設します。自分で電気管理事務所を開設した場合は，自分の努力が直接収入につながります。利益が，全て自分の収入となります。ですが，資格を持っているだけで収入が得られる訳ではありません。収入を得るからには，お金を払ってくれる人が必要です。お金を払ってくれる人を見つける，**営業力**が必要です。また，電気管理事務所を開設して，主任技術者として仕事をするためには，どこかの**協会に入る**必要があります。いろんな協会がありますので，**入会条件**などを調べる必要もあります。

　筆者としては，企業内で，電気技術者として，活躍するのをお勧めします。確かに独立した場合は，収入が増える可能性がありますが，ハイリスクハイリターンです（自分の営業に対する適正を見極めて下さい。少なくとも，いまの仕事でうまくいかない人は，独立しない方が良いと思います）。

2. 営業力を付けるには

　営業力を付ける一番良い方法は，保険の外交員をする事だそうです。1年程度，保険の外交員をしてみるのも良いかも知れません。著者の知っている人は，保険の外交員をして，営業力を付けました。その人は，営業力を付けてから開業し大成功を納めています。ふつうのサラリーマンがうらやましくなる生活を送っているようです。

3. 人脈が必要

　電気管理事務所を開設した場合は，人脈が重要となります。自分が困った時に，手伝ってくれるサポーターや，お客さんを紹介してくれる人です。**電気工事会社**との連携も重要です。付合いの多い人ほど成功するようです。

6-2. 電験3種試験の意義

　電験3種は，5万ボルトから数ボルト以下まで，非常に広い電圧範囲の**保安を監督**する，**重要な資格**です。そのため，資格試験も非常に難しく，**合格率**も10数％と合格の難しい試験です。反面，難しい試験であるため，合格に向けて勉強する内容は，高度で，仕事に役立つ有意義なものです。そして，電気技術者の多くの人が，電験3種の合格に向けて，勉強します。電験3種は，**電気技術者の登竜門**といえます。電験3種に合格すれば，多くの人が，一人前と認め重要視します。そして，多くの受験生は，「早く合格したい。もっと簡単に合格したい」と思っているようです。極端な人は，簡単な試験になってほしいと思っている人もいるようです。ですが，難しい試験だから，受験する価値があります。電験3種の免状を街角で，無料配布していたら，誰も見向きもしないでしょう。やはり試験で合格するからには，電気の知識を充分身につけて，合格しましょう。電気の知識を充分身につけているからこそ，一人前と認め重要視されるのです。ですが，無駄な努力は，不要です。電験3種は，電気技術者として必要な知識が何かを試験問題に出題する事で教えています。電験3種の試験に出る問題は，**電気技術者の必要な知識**として，重要なのです。**現場でも役立つ知識**と理解して，試験勉強を頑張って下さい。

6-3. 電気主任技術者の地位

　電気主任技術者は，**地位が保証**されています（従業員は，電気主任技術者が必要と認めてする指示に従わなければなりません。**経営者**といえども同じです）。そのため，その指示が出せる地位に優遇されています。具体的には，経営者に，**意見具申**できるポジションです。また，**必要な施策の企画**できるポジションです。そうでなければ，電気主任技術者の本来の仕事ができないのです（ここで間違ってはいけないのは，**給与が上がる**という事ではありません。重要な仕事をさせるという事です。**重要な仕事**をさせる，その結果として，給与が上がるかも知れませんが）。逆に，**責任**もあります。電気事業法に，**禁固刑**などの罰則も規定されています。それだけ重要な地位である事を理解して，業務を進めて下さい。

6-4. 電気主任技術者は，どのような仕事をするのか

　電気主任技術者になれば，全国至る所にある**電気設備の保安監督**という仕事が出来ます。電気設備とは，発電所や変電所，それに工場，ビルなどの受電設備や配線など，電圧600ボルトを超える電気の設備（**事業用電気工作物**）が対

象です。

6-5. 資格の必要な電気工作物の範囲と資格の概要(1)

資格の必要な電気工作物の範囲と資格の概要は次のとおりです。

1. 電気工作物の種類

・**電気工作物**

電気を供給するための発電所，変電所，送配電線をはじめ工場，ビル，住宅等の受電設備，屋内配線，**電気使用設備**などを総称して電気工作物と呼びます。

・**安全の確保**

電気工作物の用途や規模によってその電気工作物の**保安**の**監督**または**電気工事を行う人に必要な資格**が，法律（電気事業法及び**電気工事士法**）で定められております。

・種　類
1. **一般用電気工作物**とは，主に一般住宅や小規模な店舗，事業所などのように電気事業者から低圧（600ボルト以下）の電圧で受電している場所等の電気工作物
2. **電気事業用電気工作物**とは，電気事業者の発電所，変電所，送配電線などの電気工作物
3. **自家用電気工作物**とは，一般用および電気事業用以外の電気工作物すなわち工場やビルなどのように電気事業者から高圧以上の電圧で受電している事業場等の電気工作物をいいます。

2. 必要な資格

事業用電気工作物については保安の**監督者**として電気主任技術者を選任しなければならないこと，最大電力500キロワット未満の需要設備及び一般用電気工作物の電気工事の作業に従事する者は電気工事士等の資格がなければならないことが定められております。

　（注）　需要設備とは**受電設備**，配線，**負荷設備**等の電気を使用する設備の総称です。

電気工作物				
事業用電気工作物				一般用電気工作物
電気事業用電気工作物電気事業者の発電所，変電所，送電線路，配電線路など	自家用電気工作物			一般住宅や小規模な店舗，事業所等の電圧600ボルト以下で受電する場所の配線や電気使用設備など
	工場等の需要設備以外の発電所，変電所など	需要設備		
		最大電力500キロワット以上のもの	最大電力500キロワット未満のもの	
電気工作物の保安の監督者として電気主任技術者の有資格者が必要				電気工事を行うのに電気工事士等の資格が必要

6-6. 資格の必要な電気工作物の範囲と資格の概要⑵

・電気主任技術者の資格が必要

1．資格の概要

　電気保安の確保の観点から，事業用電気工作物（電気事業用及び自家用電気工作物）の設置者（所有者）には，電気工作物の工事，維持及び運用に関する保安の**監督**をさせるために，電気主任技術者を選任しなくてはならないことが電気事業法により，義務付けられております。

　電気主任技術者の資格には，**免状の種類**により第1種，第2種及び第3種電気主任技術者の3種類があり，電気工作物の電圧によって必要な資格が定められています。

事業用電気工作物		
電圧が17万ボルト以上の電気工作物	電圧が5万ボルト以上17万ボルト未満の電気工作物	電圧が5万ボルト未満の電気工作物（出力5千キロワット以上の発電所を除く。）
例）上記電圧の発電所，変電所，送配電線路や電気事業者から上記電圧で受電する工場，ビル等の需要設備		例）上記電圧の5千キロワット未満の発電所や電気事業者から上記電圧で受電する工場，ビル等の需要設備
		第3種電気主任技術者
	第2種電気主任技術者	
第1種電気主任技術者		

2. 免状の種類と監督できる範囲

・**第1種電気主任技術者**
　全ての電圧の事業用電気工作物の工事，維持及び運用の保安の監督を行うことができます。

・**第2種電気主任技術者**
　電圧17万ボルト未満の事業用電気工作物の工事，**維持**及び**運用**の保安の**監督**を行うことができます。

・**第3種電気主任技術者**
　電圧5万ボルト未満の事業用電気工作物（出力5千キロワット以上の発電所を除く。）の工事，維持及び運用の保安の監督を行うことができます。
（注）　上記の事業用電気工作物のうち電気的設備以外の水力，火力（内燃力を除く。）及び原子力の設備（例えば，ダム，ボイラ，タービン，原子炉等）並びに改質器の最高使用圧力が98キロパスカル以上の燃料電池設備については電気主任技術者の**監督範囲**から除かれます。

3. その他の取得できる資格

　電気主任技術者免状の取得者であれば，**実務経験**等により次のような電気工事関係の資格を取得することができます。

1. 第1種電気工事士
2. 認定電気工事従事者

　その電気設備を持っている**事業主**は，工事や普段の運転などの保安の監督者として，電気主任技術者を選任しなければならないことが法令で決まっています。電圧や設備の内容によって，第1種から第3種までの3種類のどれかの電気主任技術者の資格を持っている人から**選任**して届け出ます。

　第3種の場合は，『電圧50,000[V]未満の電気工作物（出力5,000[kW]以上の発電所を除く）の工事，維持および運用』です。この範囲は，非常に大きな範囲で，例えば，東京の都内にあるほとんどの電気工作物が対象になります。

7. その他

7-1. 試験に関するQ&A

1. 受験申込時

Q：受験申込書はどこで入手できるのでしょうか。
A：試験センター本部事務局，その他電力会社の支店や営業所，大手書店等で配布しております。なお，郵送による方法やお近くで入手できる場合もありますので，詳しくは試験センター本部事務局［TEL：03-3552-7691］へお問い合わせください。

Q：受験申込みはゆうちょ銀行（郵便局）のATMからも申込みが可能ですか。
A：平成20年度より受験申込書の記載面は払込取扱票の通信欄に変更となりました。受験案内に綴じ込まれている専用の受験申込書（払込取扱票）はゆうちょ銀行（郵便局）の払込機能付ATMからも受験申込みは可能です。

Q：外国籍でも受験することは出来ますか。
A：受験資格は特にありませんので，誰でも受験できます。

2. 受験申込後

Q：申込後，住所が変わったのですが。
A：受験申込書提出後に住所や電話番号が変わった場合は，受験案内・申込書に添付されている『申込内容変更申出書』に必要事項を記入し，試験センター本部事務局へ封筒に入れて郵送するかFAX［03-3552-7847］で送付してください。
　なお，住所を変更した場合は受験票・試験結果通知書等が確実に届くように速やかに郵便局へ転居届を提出するようにしてください。

Q：申込後，試験地を変更したいのですが。
A：受験申込書提出後の試験地の変更は原則としてできません。
　ただし，転勤や長期出張等やむを得ない理由による場合は，受験案内・申込書に添付されている『申込内容変更申出書』に必要事項を記入し，試験地変更受付期限までに試験センター本部事務局へ封筒に入れて郵送するか

FAX［03-3552-7847］で送付してください。試験地の変更が認められることがあります。

3. 試験に関すること

Q：日常生活では電卓の使用が一般化していますが，第三種電気主任技術者試験での電卓の使用は認められないでしょうか。

A：平成 14 年度から電卓の使用が認められるようになりました。

　ただし，使用が認められる電卓は，「電池（太陽電池を含む。）内蔵型電卓で音の発しないもの（四則演算，開平計算，百分率計算，税計算，符号変換，数値メモリ，電源入り切り，リセット及び消去の機能以外の機能を持つものを除く。）」に限ります。通信機能，プログラム機能，数式や文字が記憶できるもの及び関数機能のものや計算尺は使用できませんので，新たに購入するときは注意してください。なお，開平計算（$\sqrt{\ }$）機能は必須です。

　また，試験当日電卓の持参を忘れた場合は受験者間での貸借は認められず，㈶電気技術者試験センターでの貸与もありませんので，電卓を忘れないようにしてください。

　なお，詳細な内容については，㈶電気技術者試験センターのホームページ及び「電気技術者試験のご案内」のパンフレットに掲載されます。

4. 試験終了後

Q：試験結果通知書が届かないのですが。

A：試験結果通知書発送日以降 1 週間を過ぎても届かない場合は，試験センター本部事務局［TEL 03-3552-7691］へ連絡してください。

　なお，試験結果通知書は当該試験の受験者宛に発送することになっています。

Q：試験結果通知書を紛失してしまったため免状の交付の申請が出来ないのですが。

A：試験センター本部事務局［TEL：03-3552-7691］に備え付けてある「試験結果通知書再発行申込書」を入手のうえ，申込みいただければ再発行いたします。

5. 通知書等の再交付について

Q：免状を紛失したのですが。
A：電気主任技術者の場合は各地域の産業保安監督部へ，お問い合わせください。

6. その他

Q：結果通知書以外に合否を確認する方法はありますか。
A：㈶電気技術者試験センターのホームページ又は携帯電話で検索をすることができます。

　　【PC用アドレス】　http://www.shiken.jp/pckensaku/index.html
　　【携帯電話用アドレス】　http://www.shiken.jp/mobile/index.html

7-2. 電気主任技術者関係の問合せ

	名　　称	住　　所	電話番号	支部担当区域★
各地区の産業保安監督部	北海道産業保安監督部　電力安全課	〒060-0808 札幌市北区北8条西2丁目 　札幌第1合同庁舎	011-709-1795	北海道
	関東東北産業保安監督部　東北支部　電力安全課	〒980-0014 仙台市青葉区本町3-2-23 　仙台第2合同庁舎	022-221-4947	東北地区
	関東東北産業保安監督部　電力安全課	〒330-9715 埼玉県さいたま市中央区新都心1-1 　さいたま新都心合同庁舎1号館11階	048-600-0386	関東地区
	中部近畿産業保安監督部　電力安全課	〒460-0001 名古屋市中区三の丸2-5-2 　中部経済産業局総合庁舎	052-951-2817	中部地区
	中部近畿産業保安監督部　北陸産業保安監督署	〒930-0856 富山市牛島新町11番7号 　富山地方合同庁舎3階	076-432-5580	北陸地区
	中部近畿産業保安監督部　近畿支部電力安全課	〒540-8535 大阪市中央区大手前1-5-44 　大阪合同庁舎1号館本館5階	06-6966-6047	関西地区
	中国四国産業保安監督部　電力安全課	〒730-8531 広島市中区上八丁堀6-30 　広島合同庁舎2号館	082-224-5742	中国地区
	中国四国産業保安監督部　四国支部電力安全課	〒760-8512 香川県高松市サンポート3-33 　高松サンポート合同庁舎5階	087-811-8586	四国地区
	九州産業保安監督部　電力安全課	〒812-0013 福岡市博多区博多駅東2-11-1 　福岡第1合同庁舎8階	092-482-5519	九州地区
	那覇産業保安監督事務所　保安監督課	〒900-0006 沖縄県那覇市おもろまち2-1-1 　那覇第2地方合同庁舎1号館	098-866-6474	沖縄地区

★担当地区は，直接お問合せしてください。

7-3. 財団法人電気技術者試験センター

〒 104-8584
東京都中央区八丁堀 2 − 9 − 1
秀和東八重洲ビル 8 階
　　　　TEL：03 − 3552 − 7691
　　　　FAX：03 − 3552 − 7847
　　問合せ時間　平日　9：00〜17：15
　　ホームページ・アドレス　http://www.shiken.or.jp/
　　（試験に関する情報が掲載されます。）
　　メールアドレス　info@shiken.or.jp

7. その他

7-4. 電気部品図記号対比表

　近年，電気部品の図記号が改正され電験3種の試験問題も新図記号に変わっています。新図記号に馴染めない人のために，新旧図記号の対比表を付けましたので，参考にしてください。

　尚，ここに出てくる以外の記号も改正になっていますが，電験3種の勉強には，これで充分です。(試験にまったく出ないか，出ても解るように解説がされます)

電気部品図記号新旧の比較（1997～1999年改正）
新図記号は，JIS C 0617 シリーズ（1999 年に完成）に準拠しています。

新旧図記号対比表

電気部品	新図記号	旧図記号
抵抗器	▭	∿
ダイオード	▷|	▶|
発光ダイオード	▷|↗	▶|↗
トランジスタ	(新記号)	(旧記号)
演算増幅器	▷∞ ボックス	▷ 三角

電気部品	新図記号	旧図記号
電解コンデンサ		
スイッチ		
鉄心入り変圧器		
零相変流器		
変流器		
計器用変成器		
遮断器		

第1編 理論

出題の傾向とその対策

　理論は，**計算問題**が 60〜70 % 出題されます。**論説問題**も 30〜40 % 程度出題されていますが，計算問題を中心に勉強すると良いでしょう。

　計算問題は，繰返して出題されるものと散発的に出題されるものがあります。繰返し周期は，3 年から 5 年程度です。そのため，繰返し周期の 2 倍に当る 10 年程度を勉強すると，確実に合格します。

よく出題される問題は

1. 静電気　　　：コンデンサの接続，静電気，静電容量
2. 磁　気　　　：自己インダクタンス，相互インダクタンス，電流の磁気作用
3. 直流回路　　：ブリッジ回路，抵抗の直並列回路，電源の直並列回路
4. 交流回路　　：インピーダンス，ひずみ波交流，リアクタンス，三相回路，電力と電力量
5. 電気測定　　：計測器の構造・特徴，測定法
6. 電子デバイス：半導体素子
7. 電子回路　　：増幅回路

です。

第 1 章　静電気

1. 静電力，電界の強さ，電位

この節で学ぶ事は，**クーロンの法則**，電界の強さ，電位です。理論の全てにわたる基礎になるので，充分理解してください。

例題　真空中に $Q_1=4\,[\mu C]$ および $Q_2=5\,[\mu C]$ の二つの点電荷が 40 [cm]離れてあるとき，二つの点電荷の間に働く力の大きさはいくらか。
正しい値を次のうちから選べ。ただし，$4\pi\varepsilon_0 = \dfrac{1}{9\times 10^9}\,[F/m]$ とする。

(1)　1.13　　(2)　1.34　　(3)　2.45　　(4)　3.67　　(5)　4.96

重要項目

$$F = \frac{Q_1 Q_2}{4\pi\varepsilon_0 r^2}\,[N] \qquad\cdots\cdots\cdots(1\text{-}1)$$

$$E = \frac{Q}{4\pi\varepsilon_0 r^2}\,[V/m] \qquad\cdots\cdots\cdots(1\text{-}2)$$

$$V = \frac{Q}{4\pi\varepsilon_0 r}\,[V] \qquad\cdots\cdots\cdots(1\text{-}3)$$

解説

点電荷が $r\,[m]$ 離れて置かれている時に点電荷に働く力は，式(1-1)で計算できます。この式は，**クーロンの法則**と言います。

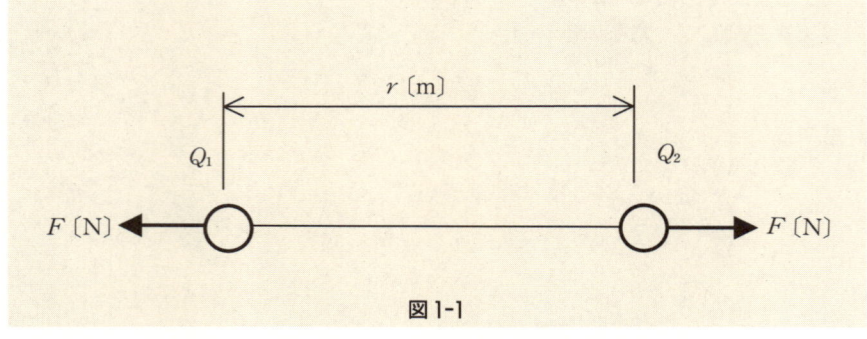

図1-1

ここで，$\varepsilon_0 = 8.85\times 10^{-12}\,[F/m]$ は**真空中の誘電率**ですが，一般に $4\pi\varepsilon_0 = \dfrac{1}{9\times 10^9}$ として覚えます。

また，$Q_2=1\,[C]$ の時に働く力 $E\,[N]$ は，

$$E = \frac{Q_1 \times 1}{4\pi\varepsilon_0 r^2}\,[N] = \frac{Q_1}{4\pi\varepsilon_0 r^2}\,[V/m]$$

一般には，$Q_1 \equiv Q$ とおいて

$$E = \frac{Q}{4\pi\varepsilon_0 r^2} \text{[V/m]}$$

を公式として覚えます。

これを電界と呼びます（図1-2のP点を参照）。

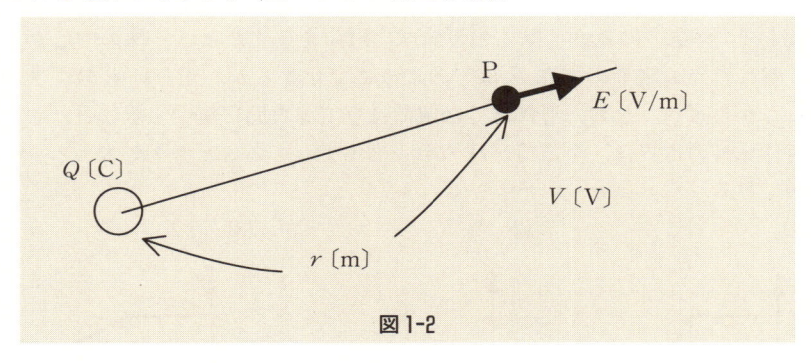

図1-2

また，P点の電位は，$V = \dfrac{Q}{4\pi\varepsilon_0 r}$ [V] と計算できます。

解法

クーロンの法則(1-1)に $Q_1 = 4$ [μC] および $Q_2 = 5$ [μC] を代入すると，

$$\begin{aligned}
F &= \frac{Q_1 Q_2}{4\pi\varepsilon_0 r^2} \\
&= \frac{4 \times 10^{-6} \times 5 \times 10^{-6}}{4\pi\varepsilon_0 \times 0.4^2} \\
&= \frac{1}{4\pi\varepsilon_0} \times \frac{4 \times 10^{-6} \times 5 \times 10^{-6}}{0.4^2} \\
&= 9 \times 10^9 \times \frac{4 \times 10^{-6} \times 5 \times 10^{-6}}{0.4 \times 0.4} \\
&= 9 \times 10^9 \times \frac{1 \times 5 \times 10^{-12}}{0.1 \times 0.4} \\
&= 9 \times 10^9 \times \frac{5 \times 10^{-12}}{0.04} \\
&= 9 \times 10^9 \times 125 \times 10^{-12} \\
&= 1.125 \\
&\fallingdotseq 1.13
\end{aligned}$$

正解 (1)

②. 電気力線，ガウスの定理

この節で学ぶ事は，電気力線とは何か，電気力線の数え方とガウスの定理との関係を理解します。

例題 真空中にある半径 a の導体球に電荷を与えたとき，球の中心から x 離れた点の電界の強さ E はどのように変化するか。正しいものを次のうちから選べ。なお，導体球では電荷は全て球表面に集中すること，また，導体球外の電界は，全電荷が球の中心に集まっていると考えて求めることができる。

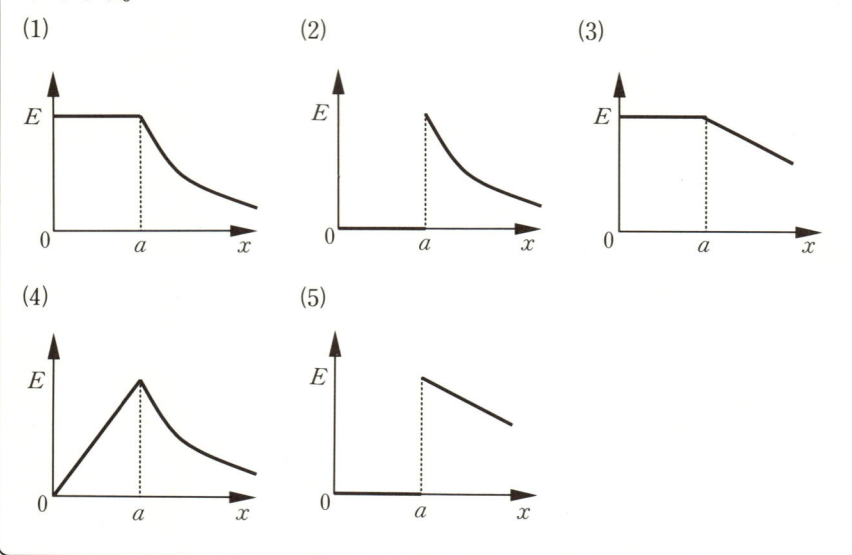

(1) (2) (3) (4) (5)

重要項目

電気力線の数　　$N = \dfrac{Q}{\varepsilon_0}$ [本]

電気力線密度　　$\dfrac{N}{S} = \dfrac{Q/\varepsilon_0}{S}$ [本/m²] $= \dfrac{Q/\varepsilon_0}{4\pi r^2}$ [本/m²] $= \dfrac{Q}{4\pi\varepsilon_0 r^2}$ [本/m²]

電界 [V/m] $= \dfrac{Q}{4\pi\varepsilon_0 r^2} =$ 電気力線密度 [本/m²]

解説

電界の法則でガウスの法則があります。ガウスの法則というのは，**誘電率** ε (真空中の場合は，ε_0) の中に電荷 Q [C] があると，**電荷**から

$$N=\frac{Q}{\varepsilon}\,[本]\ \text{または}\ N=\frac{Q}{\varepsilon_0}\,[本]$$

の**電気力線**が出ているとするものです。逆にいえば，電荷の無いところには，電気力線が無いという事です。電気力線は，栗の皮（いがぐり）のとげをイメージしてもらうと理解しやすいでしょう。

更に，電気力線の密度は，電界になります。また**重要項目**にある，

電気力線密度 $\quad \dfrac{N}{S}=\dfrac{Q/\varepsilon_0}{S}\,[本/m^2]=\dfrac{Q/\varepsilon_0}{4\pi r^2}\,[本/m^2]=\dfrac{Q}{4\pi\varepsilon_0 r^2}\,[本/m^2]$

は，点電荷の周りの半径 r の球面積で，電気力線の数を割ったものです。

すなわち，「電気力線密度＝電界」です。

解法

問題を，図で表すと，図1-3になります。ここで，**導体球**に電荷 $Q\,[C]$ が有るとしています。

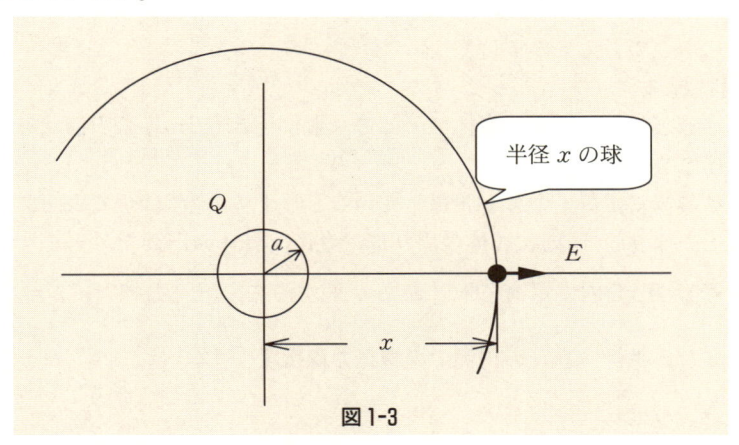

図1-3

そこで，まず導体球の外部で，半径 x の球を考えたとき，球内に電荷 $Q\,[C]$ が有りますので，電気力線 $N\,[本]$ は，

$$N=\frac{Q}{\varepsilon_0}\,[本]$$

です。そして，半径 x の球上の**電気力線密度**は，

$$\frac{N}{S}=\frac{Q/\varepsilon_0}{S}\,[本/m^2]=\frac{Q/\varepsilon_0}{4\pi r^2}\,[本/m^2]=\frac{Q}{4\pi\varepsilon_0 r^2}\,[本/m^2]$$

よって，導体球の中心から x での電界は，

$$E=\frac{Q}{4\pi\varepsilon_0 x^2}\,[V/m]$$

となります。

次に，導体球の内部を考えます。

題意より電荷が導体球の表面に集中しているので，内部は無電荷です。

よって電気力線がありません。

すなわち，**電界 $E=0$** という事です。

以上より，電界の変化は，図1－4のようになります。

よって，選択肢は，(2)となります。

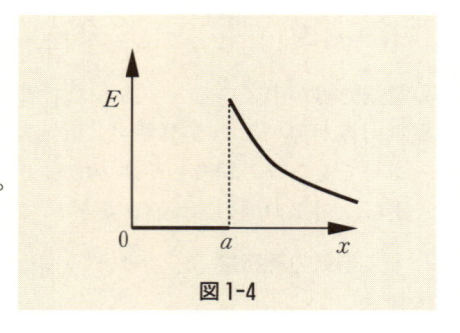

正解　(2)

チョット発展

ガウスの法則は，導体球以外でも使う事ができます。**円筒状導体**や，**平行平板導体**について考えてみましょう。

<円筒状導体>

まず，無限に長い円筒状導体の一部で，単位長さ（1 [m]）の円筒状導体，図1-5を考えてください。

円筒状導体に電荷 Q [C] が帯電しているとします（電荷は全て表面に集中しているとします）。円筒状導体の周りに，半径 x [m] の円筒を考えます。そこで，半径 x の円筒内に電荷 Q [C] がありますので，電気力線は，$N=\dfrac{Q}{\varepsilon_0}$ [本] です。また，半径 x [m] の円筒での**電気力線密度** $\dfrac{N}{S}$ [本] は，

$$\frac{N}{S}=\frac{Q/\varepsilon_0}{2\pi x}$$

となります。

よって，電界 E [V/m] は，

$$E=\frac{Q}{2\pi\varepsilon_0 x}$$

となります。

イメージとしては，送電線などがこれにあたります。

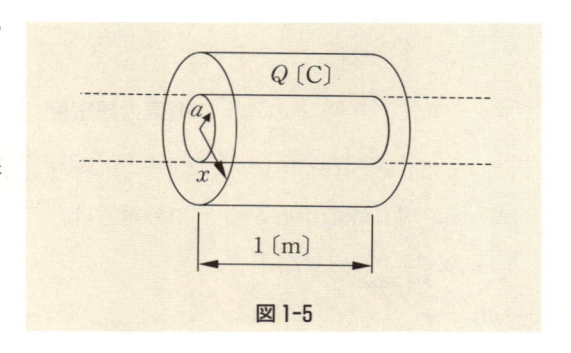

図1-5

＜平行平板導体＞

次に**平行平板導体**を考えましょう。

まず，無限に広い平行平板導体の一部で，単位面積（1 [m²]）の平行平板導体，図1-6を考えてください。

平行平板導体に電荷 Q [C] が帯電しているとします（電荷は全て表面に集中しているとします）。電気力線は，図1-6の → のように出ます。

では，何本の電気力線 N [本] が出ているか計算してみましょう。

▭の内部にある電荷が Q [C] ですから，$N=\dfrac{Q}{\varepsilon_0}$ [本] となります。

つぎに，電界 E [V/m] を計算してみます。まず，▭で電気力線の出ているaa′間の面積 S [m²] を計算します。といっても考えているのは，**単位面積**ですから，$S=1$ [m²] です。

よって，電界 E [V/m] は，$E=\dfrac{N}{S}=\dfrac{N}{1}=\dfrac{Q}{\varepsilon_0}$ となります。

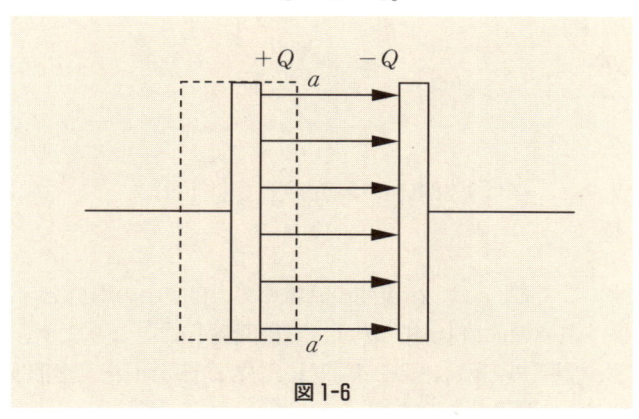

図1-6

イメージとしては，コンデンサなどがこれにあたります。

③. 静電容量, 電荷, 電位差の関係

この節で学ぶ事は, **平行平板コンデンサ**の静電容量計算式, 電圧と電界の関係式, 電圧の加わっているコンデンサに蓄えられる電荷です。

例題 平行平板空気コンデンサの極板間に 10 [kV] の電圧を加えたとき, 電界の強さが 0.5 [kV/mm] であった。このコンデンサの単位面積当たりの静電容量 [pF] として, 正しいのは次のうちどれか。ただし, 空気の誘電率を $\varepsilon_0 = 8.85 \times 10^{-12}$ [F/m] とし, コンデンサの端効果は無視するものとする。

(1) 383　　(2) 405　　(3) 420　　(4) 443　　(5) 462

重要項目

$$C = \frac{\varepsilon S}{d} \quad \cdots\cdots\cdots(1\text{-}4)$$

$$V = dE \quad \cdots\cdots\cdots(1\text{-}5)$$

$$Q = CV \quad \cdots\cdots\cdots(1\text{-}6)$$

解説

コンデンサなど, 平行平板電極の静電容量 C [F] は,

$$C = \frac{\varepsilon S}{d}$$

となります。ここで, ε は, 極板間の誘電率で, 真空中の場合 $\varepsilon_0 = 8.85 \times 10^{-12}$ [F/m], S は, 電極の面積 [m²], d は, 電極間隔 [m] となります。

また, 平行平板導体の場合, 電圧 V [V], 電界 E [V/m] と電極間隔 d [m] の間には, $V = dE$ の関係があります。

そして, 極板間の電圧が, V [V] の時, 静電容量 C [F] のコンデンサに蓄えられる電荷 Q [C] は, $Q = CV$ となります。

解法

問題を, 図で表すと, 図1-7 となります。

③. 静電容量, 電荷, 電位差の関係

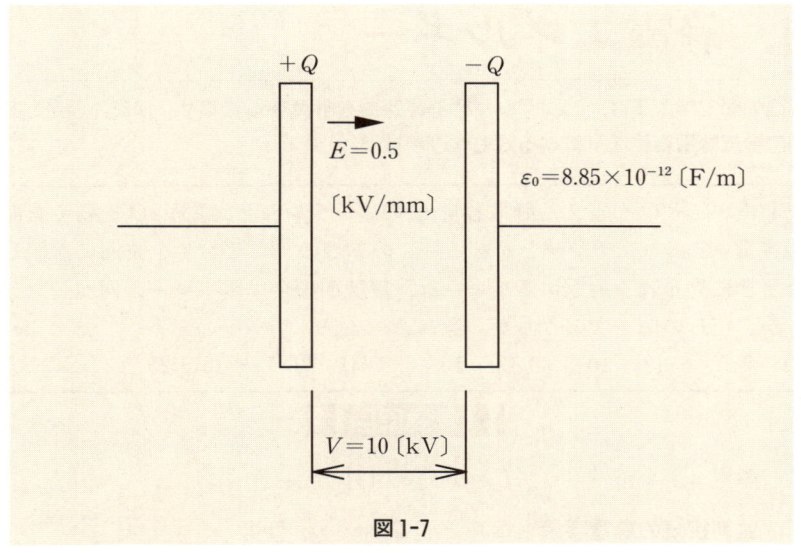

図1-7

まず, 電極間隔を d [m], 電極面積を S [m^2] とすると, 静電容量 C [F] は, 公式から

$$C = \frac{\varepsilon_0 S}{d} \qquad \cdots\cdots\cdots\cdots (1\text{-}7)$$

また, 電圧 V [V] と電界 E [V/m] の関係は,

$$V = dE \qquad \cdots\cdots\cdots\cdots (1\text{-}8)$$

以上から, 単位面積当たりの静電容量 c [F/m^2] を表すと,

$$c = \frac{C}{S} = \frac{\frac{\varepsilon_0 S}{d}}{S} = \frac{\varepsilon_0}{d} = \frac{\varepsilon_0}{\frac{V}{E}} = \frac{\varepsilon_0 E}{V}$$

$$= \frac{8.85 \times 10^{-12} \times 0.5 \times 10^3 \times 10^3}{10 \times 10^3}$$

$$= 442.5 \times 10^{-12} \quad [\text{F}]$$

$$\fallingdotseq 443 \quad [\text{pF}]$$

となります。

ここで分子の 10^3 2個は, kV と mm の乗数です。

よって, 選択肢は(4)となります。

正解 (4)

単位面積って 1 [m^2] だね!

④. 静電エネルギー

この節で学ぶ事は，コンデンサの静電容量を計算する式です。また，直列や並列の**合成静電容量**を計算する式も学びます。

例題 電荷 Q を蓄えた静電容量 C のコンデンサと，電荷 $2Q$ を蓄えた静電容量 $4C$ のコンデンサとがある。この二つのコンデンサを並列に接続したときに失われる静電エネルギーは，接続前の全エネルギーの何パーセントか。正しい値を次のうちから選べ。
(1)　5　　(2)　10　　(3)　15　　(4)　20　　(5)　25

重要項目

静電エネルギー　　　$E = \dfrac{1}{2}\dfrac{Q^2}{C}$ 　[J]

並列接続の静電容量　$C_0 = C_1 + C_2 + \cdots\cdots$ 　[F]

直列接続の静電容量　$\dfrac{1}{C_0} = \dfrac{1}{C_1} + \dfrac{1}{C_2}$

解説

静電容量 C のコンデンサは，静電エネルギー E を蓄える事ができます。
計算する式は，

$$E = \dfrac{1}{2}\dfrac{Q^2}{C}\ [\mathrm{J}]$$

です。この式は，公式として覚えておく必要があります。
また，並列接続の場合の合成静電容量 C_0 は，

$$C_0 = C_1 + C_2 + \cdots\cdots\ [\mathrm{F}]$$

直列接続の場合の合成静電容量 C_0 は，

$$\dfrac{1}{C_0} = \dfrac{1}{C_1} + \dfrac{1}{C_2}$$

で計算できます。この式も，重要公式として覚えておく必要があります。

解法

問題を，図で表すと，図1-8(a)，(b)となります。

④. 静電エネルギー

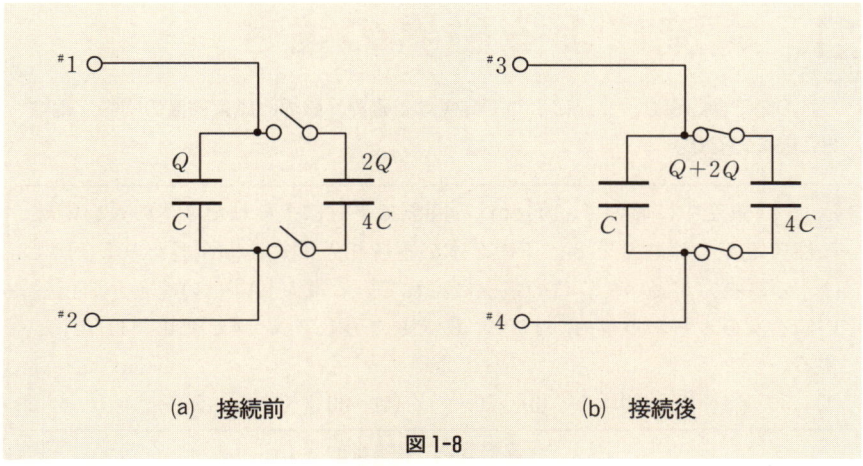

図1-8

(a) 接続前　　　(b) 接続後

まず，公式を使って(a)接続前のエネルギーを求めます。

　　静電容量 C のエネルギー　　$E_{\text{off}}' = \dfrac{1}{2}\dfrac{Q^2}{C}$

　　静電容量 $4C$ のエネルギー　　$E_{\text{off}}'' = \dfrac{1}{2}\dfrac{(2Q)^2}{4C} = \dfrac{1}{2}\dfrac{Q^2}{C}$

よって全エネルギー E_{off} は，

$$E_{\text{off}} = E_{\text{off}}' + E_{\text{off}}'' = \dfrac{1}{2}\dfrac{Q^2}{C} + \dfrac{1}{2}\dfrac{Q^2}{C} = \dfrac{Q^2}{C}$$

次に，接続後の静電容量 C' を求めますと，次式となります。

$$C' = C + 4C = 5C$$

また，**電荷の総量**は，接続前後で不変ですから，同様に，公式を使って(b)接続後のエネルギーを求めます。

　　静電容量 $C+4C$ のエネルギー　　$E_{\text{on}} = \dfrac{1}{2}\dfrac{(Q+2Q)^2}{5C} = \dfrac{1}{2}\dfrac{9Q^2}{5C} = \dfrac{9Q^2}{10C}$

よって接続前後のエネルギー差 ΔQ は，

$$\Delta Q = E_{\text{off}} - E_{\text{on}} = \dfrac{Q^2}{C} - \dfrac{9Q^2}{10C} = \dfrac{Q^2}{10C}$$

パーセント表示では，

$$\%\Delta Q = \dfrac{Q^2}{10C} \bigg/ \dfrac{Q^2}{C} = \dfrac{1}{10} = 10\,[\%]$$

となります。

よって，選択肢は，(2)となります。

正解　(2)

第2章 磁気

1. 電流による磁界の強さ

> この節で学ぶ事は，電流によって発生する**磁界**，磁界と**磁束密度**の関係，電線間に働く力です。

> **例題** 真空中において，10 [cm] の間隔で平行に張られた 2 本の長い電線に往復電流を流したとき，この 2 本の電線相互間に 1 [m] 当たり 5×10^{-3} [N] の電磁力が働いた。この電線に流れている電流 [A] はいくらか。正しい値を次のうちから選べ。ただし，真空中の透磁率 $\mu_0 = 4\pi \times 10^{-7}$ [H/m] とする。
> (1) 50　　(2) 60　　(3) 70　　(4) 80　　(5) 90

重要項目

$$H = \frac{I}{2\pi d} \quad [\text{A/m}] \qquad \cdots\cdots(2\text{-}1)$$

$$B = \mu H \quad [\text{T}] \qquad \cdots\cdots(2\text{-}2)$$

$$F = BIl \quad [\text{N}] \qquad \cdots\cdots(2\text{-}3)$$

$$f = \frac{\mu_0 I_1 I_2}{2\pi d} \quad [\text{N/m}] \qquad \cdots\cdots(2\text{-}4)$$

解説

電線に電流 I [A] が流れると，その周りに磁界 H [A/m] が発生します。その大きさは，

$$H = \frac{I}{2\pi d} \quad [\text{A/m}]$$

となり，方向は，**右ねじの法則**に従います。図 2-1 です。

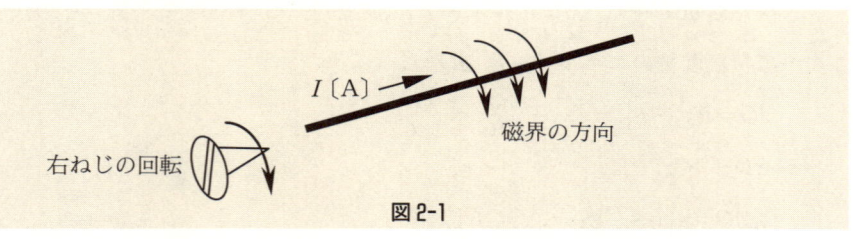

図 2-1

また，磁界 H [A/m] は，透磁率 μ の中で，磁束密度が $B = \mu H$ [T] となります。

そして，磁束密度 B [T] の中に電流 I [A] が流れている長さ l [m] の導体があると，$F = BIl$ [N] の力が働きます。

①. 電流による磁界の強さ

そして，電流 I_1 [A] でできた磁界 H [A/m] の中に電流 I_2 [A] の流れる電線があった場合，**単位長さ当たりに働く力** f [N/m] は，

$$F = BI_2 l$$
$$= \mu H I_2 l$$
$$= \frac{\mu I_1 I_2 l}{2\pi d} \quad [\text{N}]$$

から

$$f = \frac{F}{l} = \frac{\frac{\mu I_1 I_2 l}{2\pi d}}{l} = \frac{\mu I_1 I_2}{2\pi d} \quad [\text{N/m}]$$

となります。

働く力の方向は，同方向電流同士は，吸引，反対方向電流同士は，反発となります。

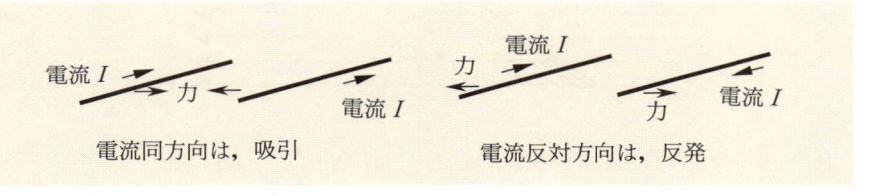

電流同方向は，吸引　　　電流反対方向は，反発

解法

公式を使うと電流 I [A] が流れている電線の 1 [m] 当たりに働く電磁力 F [N] は，

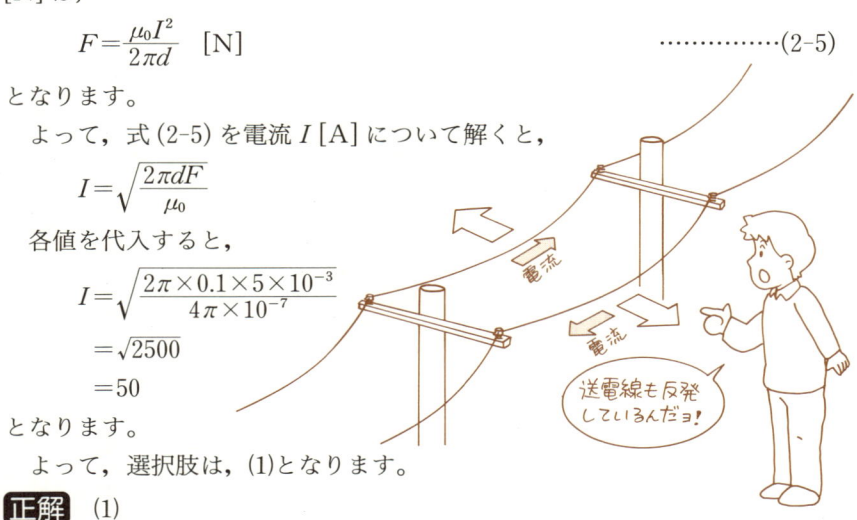

$$F = \frac{\mu_0 I^2}{2\pi d} \quad [\text{N}] \qquad \cdots\cdots(2\text{-}5)$$

となります。

よって，式 (2-5) を電流 I [A] について解くと，

$$I = \sqrt{\frac{2\pi d F}{\mu_0}}$$

各値を代入すると，

$$I = \sqrt{\frac{2\pi \times 0.1 \times 5 \times 10^{-3}}{4\pi \times 10^{-7}}}$$
$$= \sqrt{2500}$$
$$= 50$$

となります。

よって，選択肢は，(1) となります。

正解 (1)

②. 電磁力の大きさと向き

> この節で学ぶ事は，**フレミングの左手の法則**と，磁界内にある導体で，角度を持って電流が流れているときの力の計算です。

例題 図のように磁束密度 $B=0.5$ [T] の一様な磁界の中に直線上の導体を磁界の方向に対して 30°の角度におき，これに $I=100$ [A] の直流電流を流した。このとき，導体の単位長さ当たりに働く力 F [N/m] の値として，正しいのは次のうちどれか。

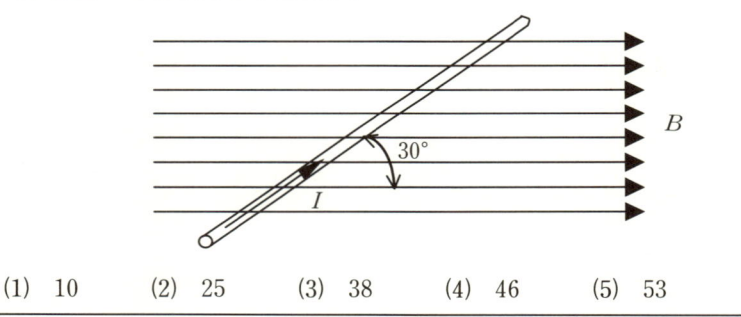

(1) 10　(2) 25　(3) 38　(4) 46　(5) 53

|| 重要項目 ||

$F=BIl\sin\theta$　[N]
$f=BI\sin\theta$　[N/m]
フレミングの左手の法則

解説

磁界 H（磁束密度 $B=\mu H$）の中に長さ l [m] で電流 I [A] の流れている導体をおくと，力 F [N] が働きます。導体が角度 θ [rad] を持っておかれているとき，その力の大きさ F [N] は，

$F=BIl\sin\theta$　[N]

となります。また，その方向は，フレミングの左手の法則に従います。

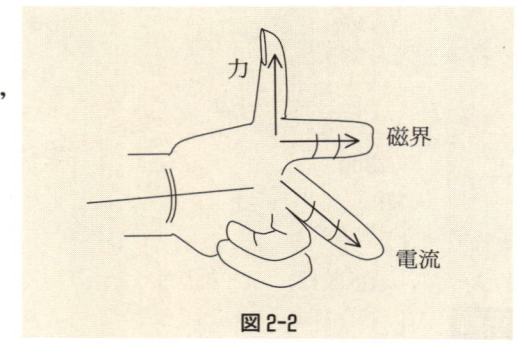

図2-2

解法

フレミングの左手の法則から，導体には，力 F [N] が働きます。その単位長さに働く力を f [N/m] とすると，

$$F = BIl\sin\theta \quad [\text{N}]$$
$$f = BI\sin\theta \quad [\text{N/m}]$$

よって，この式に各値を代入すると，

$$f = 0.5 \times 100 \times \sin\theta = 25 \quad [\text{N/m}]$$

となります。

正解 (2)

チョット発展

フレミングには，"左手の法則"と"右手の法則"があります。

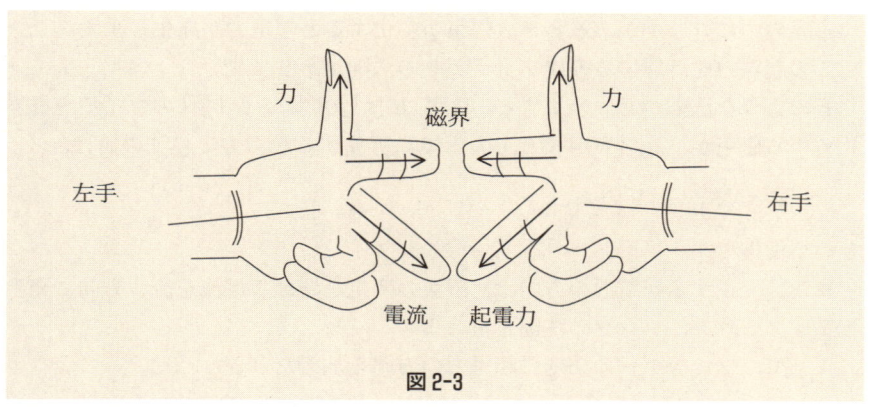

図 2-3

それぞれの指が表す意味は似ていますが，使う場面が違います。
左手の法則は，今回の問題など**力の方向**を見つけるときに使います。
右手の法則は，**起電力の方向**を見つけるときに使います。

③. 電磁誘導とインダクタンス

この節で学ぶ事は，磁束変化で起電力が発生し，起電力を計算する，ファラデーの法則と，発生する起電力の方向を理解します。

例題 巻数30のコイルを貫通している磁束が0.1秒間に1[Wb]の割合で変化するとき，コイルに発生する起電力[V]の大きさはいくらか。正しい値を次のうちから選べ。
(1) 250　　(2) 300　　(3) 350　　(4) 400　　(5) 450

重要項目

$$e = -N\frac{\Delta\phi}{\Delta t} \quad [\text{V}]$$

解説

磁界の中にコイルがあるとき，磁束が変化すると起電力が発生します。

この起電力を計算するのにファラデーの法則があります。

どのような法則かといいますと，時間 Δt [s] の間に，N [巻] のコイルを貫通している磁束が，$\Delta\phi$ [Wb] 変化したときに発生する起電力 e [V] の値は，

$$e = N\frac{\Delta\phi}{\Delta t} \quad [\text{V}]$$

という法則です。

また，発生する起電力の方向は，磁束の変化を妨げる電流を流す方向に発生します。これを，レンツの法則と言います。

よって，ファラデーの法則に起電力の方向を加えたとき

$$e = -N\frac{\Delta\phi}{\Delta t}$$

となります。（マイナスは，起電力の発生する方向が，磁束の変化を妨げる電流を流す方向に発生する事を意味します。**レンツの法則**です。）

以上の関係を図示しますと，図2-4となります。

自転車の発電機もこの原理を使っているんだ！

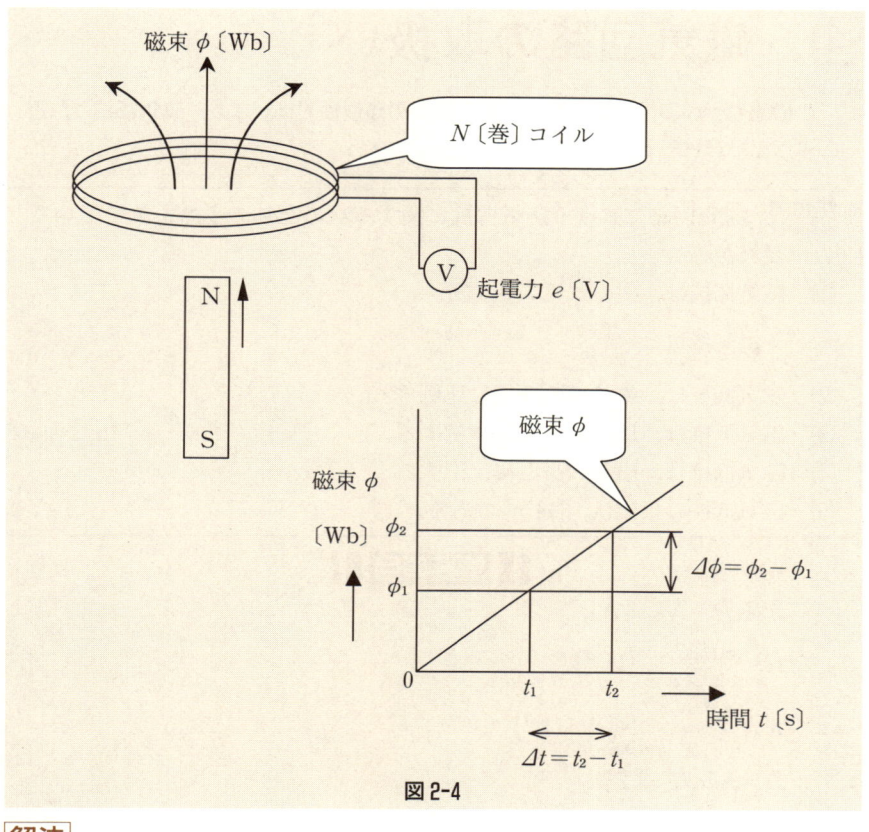

③. 電磁誘導とインダクタンス

図2-4

解法

巻数 $N=30$ [巻] のコイルを貫通している磁束 ϕ [Wb] が，時間 $\Delta t=0.1$ [s] の間に，$\Delta \phi = 1$ [Wb] 変化するときに発生する起電力 e [V] は，ファラデーの法則から，

$$e = -N\frac{\Delta \phi}{\Delta t} \quad [\text{V}]$$

$$= -30 \times \frac{1}{0.1} = -30 \times 10 = -300 \quad [\text{V}]$$

となります。

例題では，起電力 e [V] の大きさ $|e|$ [V] を聞いているので絶対値を求めます。

$|e| = 300$ [V]

よって，選択肢は，(2)となります。

正解 (2)

④. 磁気回路の取扱い

> この節で学ぶ事は，**電気回路と磁気回路の類似性**です。また，**磁気抵抗**が，どのように計算されるかも学びます。

例題 磁気回路における磁気抵抗に関する次の記述のうち，誤っているのはどれか。
(1) 磁気抵抗は，次の式で表される。
$$磁気抵抗 = \frac{起磁力}{磁束}$$
(2) 磁気抵抗は，磁路の断面積に比例する。
(3) 磁気抵抗は，比透磁率に反比例する。
(4) 磁気抵抗は，磁路の長さに比例する。
(5) 磁気抵抗の単位は，$[\mathrm{H}^{-1}]$ である。

重要項目

起磁力 $= NI$ $[\mathrm{A}]$

$R = \dfrac{起磁力}{磁束}$ $[\mathrm{H}^{-1}]$

$R = \dfrac{NI}{\phi} = \dfrac{l}{\mu_0 \mu_s S}$ $[\mathrm{H}^{-1}]$

$B = \mu_0 \mu_s H$ $[\mathrm{T}]$

$\phi = BS$ $[\mathrm{Wb}]$

表 2-1 電気回路と磁気回路の類似性

電気回路			磁気回路		
起電力	E	$[\mathrm{V}]$	起磁力	NI	$[\mathrm{A}]$
抵抗	R	$[\Omega]$	磁気抵抗	R	$[\mathrm{H}^{-1}]$
導電率	σ	$[\mathrm{S/m}]$	透磁率	μ	$[\mathrm{H/m}]$
電流	I	$[\mathrm{A}]$	磁束	ϕ	$[\mathrm{Wb}]$

解説

磁気回路と電気回路は，類似性があります。今回の問題は，**磁気回路のオームの法則**に関するものです。さて，電気回路で抵抗 $R\,[\Omega]$ は，

$$抵抗 = \frac{起電力}{電流} \quad または \quad R = \frac{E}{I} \quad [\Omega]$$

となりますが，磁気回路においても**磁気抵抗** $R\,[\mathrm{H}^{-1}]$ があり，次式となります。

④. 磁気回路の取扱い

$$\text{磁気抵抗} = \frac{\text{起磁力}}{\text{磁束}} \quad \text{または} \quad R = \frac{NI}{\phi} \quad [\text{H}^{-1}]$$

解法

まず、環状鉄心（図2-5）を考えます。

図の磁気回路において、起磁力は、次式となります。

　　起磁力 $= NI$　[A]

次に、鉄心内の磁界を H [A/m] とすると、磁路の長さが l [m] ですから、

　　$NI = Hl$

が成り立ちます。

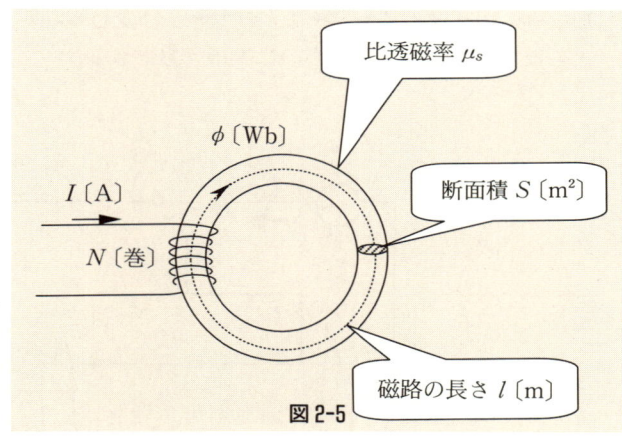

図2-5

よって、**環状鉄心**の磁束密度 B [T] は、

$$B = \mu_0 \mu_s H = \mu_0 \mu_s \frac{NI}{l} \quad [\text{T}]$$

また、磁束 ϕ [Wb] は、

$$\phi = BS = \mu_0 \mu_s \frac{NI}{l} S = \frac{NI}{\dfrac{l}{\mu_0 \mu_s S}} \quad [\text{Wb}]$$

となります。

さて、磁気抵抗 R [H^{-1}] は、

$$R = \frac{\text{起磁力}}{\text{磁束}} \quad [\text{H}^{-1}]$$

ですから、

$$R = \frac{NI}{\phi} = \frac{l}{\mu_0 \mu_s S} \quad [\text{H}^{-1}]$$

となります。

以上より選択肢で、間違っているのは、(2)となります。

正解　(2)

5. コイル1, 2を直列した場合の合成インダクタンス

この節で学ぶ事は，コイルにおける磁束の向きと，コイルが2個ある時の合成インダクタンスの求め方です。

例題 図の回路において，コイル1とコイル2の自己インダクタンスを共に L とし，相互インダクタンスを M とする。スイッチをA側，B側のどちらに切り換えても，電流 I の大きさは変わらなかった。L と M の関係式を表す式として，正しいのは次のうちどれか。

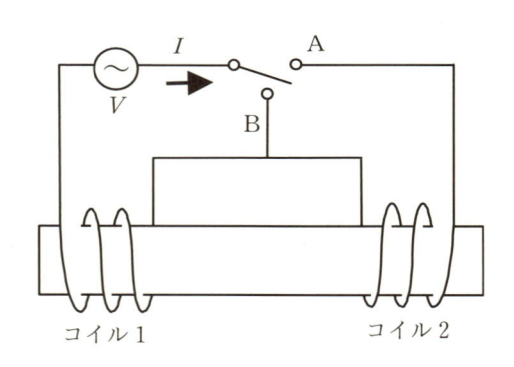

(1) $2M=L$ (2) $M^2=2L^2$ (3) $M=L$ (4) $M=2L$ (5) $M=0$

重要項目

$L_0 = L_1 + L_2 \pm 2M$

磁束の向きは，右手で握った親指の方向

解説

問題の回路のように，コイルが L_1，L_2 と2個あって，磁束がそれぞれに鎖交するときの合成インダクタンス L_0 は，$L_0 = L_1 + L_2 \pm 2M$ と計算できます。

ここで，±ですが，それぞれのコイルでできる磁束 ϕ_1，ϕ_2 が同じ方向の時＋，反対方向の時－です。

それで，磁束の方向をどのように知るかといいますと，右手の指を電流の向きに合わせて，コイルを握ります。そして，親指を立てたとき，親指の向きが磁束の向きです。

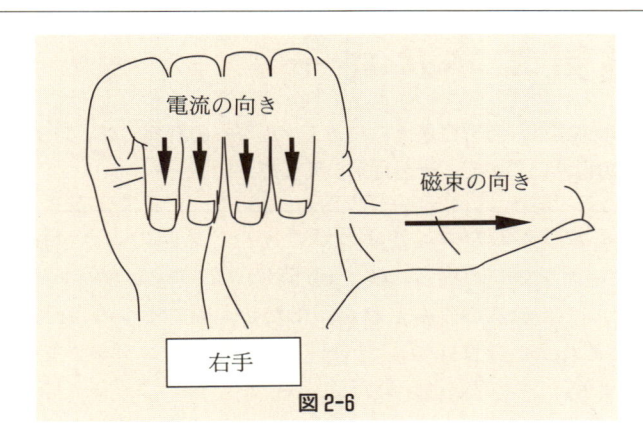

5. コイル1，2を直列した場合の合成インダクタンス

図2-6

解法

まず，スイッチをA側に切り換えたとき，それぞれのコイルがどのように作用しているか検討する。スイッチをA側に切り換えたとき，流れる電流 I [A] によって発生する磁束 ϕ_1，ϕ_2 の向きは，反対方向である。

よって，**合成インダクタンス**を L_0 としたとき，**相互インダクタンス**の公式，$L_0=L_1+L_2\pm2M$ で $L_0=L_1+L_2-2M$ を採用する。

また，題意より $L_1=L_2=L$ であるから，合成インダクタンス L_0 は，

$$L_0=2L-2M$$

となります。

さて，電源の角周波数を ω としたときスイッチA側，B側それぞれで回路に流れる電流 I_A，I_B は，

A側　$I_A=\dfrac{V}{j\omega(2L-2M)}$

B側　$I_B=\dfrac{V}{j\omega L}$

題意より $I_A=I_B$ ですから，

$$I_A=I_B$$
$$\dfrac{V}{j\omega(2L-2M)}=\dfrac{V}{j\omega L}$$
$$2L-2M=L$$
$$2M=L$$

となります。

図2-7

よって，選択肢は，(1)となります。

正解 (1)

⑥. 磁気エネルギー

この節で学ぶ事は，磁界に蓄えられるエネルギーの計算です。コイルが1個の場合と2個の場合について，十分理解してください。

例題 鉄心に巻かれたコイル1及びコイル2を図のように接続し，0.2 [A] の直流電流を流した場合，端子 ab 間に蓄えられるエネルギーの値 [J] として，正しいのは次のうちどれか。ただし，両コイルの自己インダクタンスはそれぞれ $L_1=1$ [H]，$L_2=4$ [H] とし，相互インダクタンスは，$M=1.5$ [H] とする。

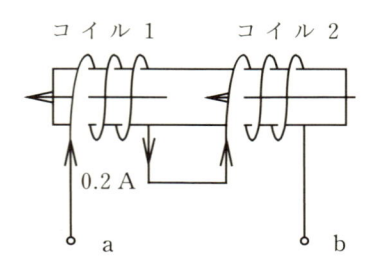

コイル1　　コイル2

0.2 A

a　　　　　b

(1)　0.08　　(2)　0.1　　(3)　0.12　　(4)　0.14　　(5)　0.16

重要項目

蓄えられるエネルギー $=\dfrac{1}{2}$(磁束×起磁力)　[J]

$E=\dfrac{1}{2}LI^2$　[J]

$E=\dfrac{1}{2}(L_1I_1^2+L_2I_2^2\pm 2MI_1I_2)$　[J]

解説

N [巻] で電流 I [A] が流れているコイルには，磁束 ϕ [Wb] が発生し，磁界としてエネルギー E [J] を蓄える事ができます。どれだけ蓄えられるかといいますと，

蓄えられるエネルギー $=\dfrac{1}{2}$(磁束×起磁力)　[J]

または，

$E=\dfrac{1}{2}(\phi \times NI)$　[J]

6. 磁気エネルギー

です。

そして，定義式 $N\phi = LI$ の関係を利用すると，インダクタンス L [H] のコイルに電流 I [A] が流れている場合は，

$$E = \frac{1}{2}LI^2 \quad [J]$$

となります。

また，電流 I_1 [A]，I_2 [A] が流れている 2 個のコイル L_1 [H]，L_2 [H] があり**相互インダクタンス**が M [H] であったときは，

$$E = \frac{1}{2}(L_1I_1^2 + L_2I_2^2 \pm 2MI_1I_2) \quad [J]$$

となります。

本問では，I_1 [A] $= I_2$ [A] ですから，

$$E = \frac{1}{2}(L_1I^2 + L_2I^2 \pm 2MI^2) \quad [J]$$

としています。（ここで，符号±は，磁束の方向が同じ時＋，反対方向の時－，を使います）

解法

コイル 1，2 のインダクタンス $L_1 = 1$ [H]，$L_2 = 4$ [H] と相互インダクタンス $M = 1.5$ [H] それぞれについて，エネルギーを計算してみます。

コイル 1　$E_1 = \frac{1}{2}L_1I^2 = \frac{1}{2} \times 1 \times 0.2^2 = 0.02 \quad [J]$

コイル 2　$E_2 = \frac{1}{2}L_2I^2 = \frac{1}{2} \times 4 \times 0.2^2 = 0.08 \quad [J]$

相互インダクタンス　$E_3 = \frac{1}{2} \cdot 2MI^2 = \frac{1}{2} \times 2 \times 1.5 \times 0.2^2 = 0.06 \quad [J]$

よって，ab 間に**蓄えられるエネルギー** E [J] は，

$$E = E_1 + E_2 + E_3 = 0.02 + 0.08 + 0.06 = 0.16 \quad [J]$$

となります。

よって，選択肢は，(5) となります。

正解 (5)

第3章 直流回路

1. 導体の電気抵抗

> この節で学ぶ事は，抵抗の計算式です。抵抗をどのように計算するか，理解してください。

例題 円形断面の導線がある。長さが5 [%] 減少し，半径が1 [%] 減少した。抵抗値はどれだけ変化するか。正しいものを次のうちから選べ。
(1) 3 [%] 減少　(2) 1 [%] 減少　(3) 変化せず
(4) 1 [%] 増加　(5) 3 [%] 増加

重要項目

$$R = \rho \frac{l}{S} \quad [\Omega]$$

解説

抵抗値 R [Ω] は，**抵抗率**を ρ [Ωm]，抵抗体の長さを l [m]，断面積を S [m²] とすると，

$$R = \rho \frac{l}{S} \quad [\Omega]$$

で表されます。

本問の場合は，半径 r [m] の円形断面積ですから，

$$R = \rho \frac{l}{\pi r^2} \quad [\Omega]$$

と表す事もできます。

解法

円形断面積で長さ l [m]，半径 r [m]，抵抗率 ρ [Ωm] の**棒状抵抗体**を考えます。抵抗体の抵抗 R [Ω] は，

$$R = \rho \frac{l}{\pi r^2} \quad [\Omega]$$

で計算できます。

次に，長さが $l' = 0.95l$ [m]，半径が $r' = 0.99r$ [m] になったとします。すると抵抗 R' [Ω] は，

$$R' = \rho \frac{l'}{\pi r'^2} = \rho \frac{0.95l}{\pi (0.99r)^2} = \frac{0.95}{(0.99)^2} \times \rho \frac{l}{\pi r^2} = 0.97 \times \rho \frac{l}{\pi r^2} = 0.97R$$

となります。

よって，もとの抵抗値に対して，97 [%] になる事から 3 [%] の抵抗値減少と

なります。

よって，選択肢は，(1)となります。

正解 (1)

チョット発展

抵抗は，長さ l [m] や断面積 S [m²] の変化以外に温度によっても変化します。

③節で学ぶ予定ですが，どのように変化するかと言いますと，次式のようになります。

$$R' = R(1 + \alpha t)$$

この式は，抵抗 R [Ω] が温度 t だけ変化したとき，$(1+\alpha t)$ [倍] だけ変化するという式です。ここで，α は，**温度係数**と言って，単位は，[°C⁻¹] です。

抵抗勢力は 暑く(熱)なると デカくなる

温度計

2. オームの法則

> この節で学ぶ事は，**オームの法則**です。オームの法則は，電気回路で，最も重要な法則の一つです。

例題 図の回路において，1〔kΩ〕の抵抗が10〔%〕増加した。端子電圧 V は何パーセント変動するか。正しい値を次のうちから選べ。

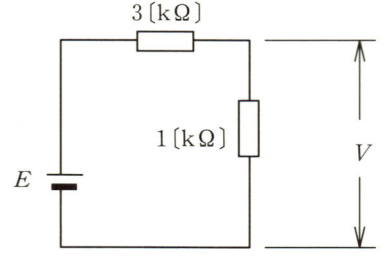

(1) 10〔%〕増加 　(2) 7〔%〕増加 　(3) 1〔%〕減少
(4) 3〔%〕減少 　(5) 5〔%〕減少

重要項目

$$V = IR \quad [\text{V}] \quad \cdots\cdots\cdots(3\text{-}1)$$

$$V = \frac{R_1}{R_1 + R_2} E \quad [\text{V}]$$

解説

電気回路で抵抗 R〔Ω〕に電流 I〔A〕が流れたときその抵抗の両端に電圧降下 V〔V〕が発生します。式で表すと，式(3-1)となります。

また，2つの直列抵抗 R_1〔Ω〕，R_2〔Ω〕があると，電圧は，抵抗比で分圧されます。

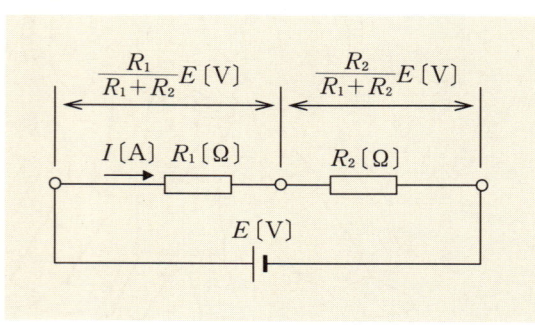

2. オームの法則

解法

まず，抵抗 $R_1=1\,[\mathrm{k}\Omega]$ が増加する前の端子電圧 $V\,[\mathrm{V}]$ を計算する。

端子電圧 $V\,[\mathrm{V}]$ は，電源電圧 $E\,[\mathrm{V}]$ の抵抗 $R_1=1\,[\mathrm{k}\Omega]$ と抵抗 $R_2=3\,[\mathrm{k}\Omega]$ の分圧であるから

$$V = \frac{R_1}{R_1+R_2}E = \frac{1}{1+3}\times E = \frac{1}{4}\times E = 0.25E \quad [\mathrm{V}]$$

また，抵抗 $R_1=1\,[\mathrm{k}\Omega]$ が増加して，$1.1R_1=1.1\,[\mathrm{k}\Omega]$ になった時の端子電圧 $V'\,[\mathrm{V}]$ は，

$$V' = \frac{1.1R_1}{1.1R_1+R_2}E = \frac{1.1}{1.1+3}\times E = \frac{1.1}{4.1}E = 0.2683E \quad [\mathrm{V}]$$

となる。

よって，端子電圧の変動 $\varepsilon\,[\%]$ は，

$$\varepsilon = \frac{V'-V}{V}\times 100 = \frac{0.2683E - 0.25E}{0.25E}\times 100 = \frac{0.0183}{0.25}\times 100 = 7.32 \quad [\%]$$

となり，約7[%]の増加となります。

よって，選択肢は，(2)となります。

正解 (2)

チョット発展

並列抵抗があると電流は，抵抗の逆比で分流されます。
覚えておくと良いでしょう。

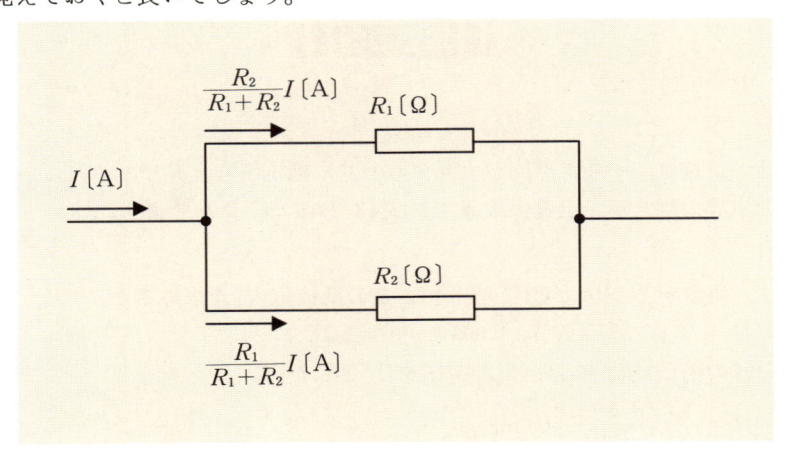

③. 抵抗の温度係数 α

この節で学ぶ事は，抵抗の温度係数です。一般に導体は，温度と共に抵抗が増加する傾向にあります。どのように計算するか覚えてください。

例題 図のような定電圧回路で金属製の抵抗 R の温度係数が 0.005 [°C^{-1}] である。開閉器 S を閉じた直後の R の消費電力に比べ，発熱により温度が 100 [°C] 上昇したときの R の消費電力は，どのように変化するか。正しいものを次のうちから選べ。

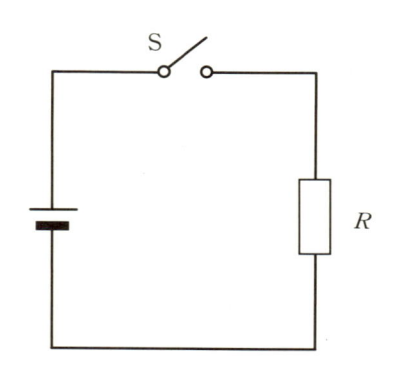

(1)　50 [%] 増加　(2)　33 [%] 増加　(3)　変化しない
(4)　33 [%] 減少　(5)　50 [%] 減少

重要項目

$$R' = R(1 + \alpha t) \quad \cdots\cdots\cdots\cdots (3\text{-}2)$$

解説

導体の抵抗は，一般に温度が上昇すると共に抵抗値も上昇します。
その上昇の割合が，温度係数 α で，式 (3-2) のようになります。

解法

まず，温度が $t = 100$ [°C] 上昇したときの抵抗値 R' を求めると，
$$R' = R(1 + \alpha t) = R(1 + 0.005 \times 100) = 1.5R$$
その時の消費電力 P' は，電源電圧を V とした時，
$$P' = \frac{V^2}{R'} = \frac{V^2}{1.5R} = 0.667 \frac{V^2}{R}$$
また，温度が上昇する前 (開閉器 S を閉じた直後) の R での消費電力 P は，

3. 抵抗の温度係数 α

$$P=\frac{V^2}{R}$$

よって，

$$\varepsilon=\frac{P'-P}{P}\times 100=\frac{0.667\frac{V^2}{R}-\frac{V^2}{R}}{\frac{V^2}{R}}\times 100=\frac{0.667-1}{1}\times 100=-33.3\ [\%]$$

となり，約 33 [%] 減少します。

よって，選択肢は，(4)となります。

正解 (4)

トピックス

　この節で学んだ，**抵抗温度係数**の式は，導体についてよく当てはまりますが，半導体や絶縁物の場合は，あまり当てはまりません。

　例えば，絶縁物の場合は，温度と共に抵抗値が下がる場合が多いです。そのため，電気機器は，安全に使うための冷却をします。

　電気製品で，ファン（扇風機のように機器を冷やす装置です）が付いているのはそのためです。

　また，半導体においては，もっと様々な特性を持っているので，一概にいえないものが多いです。

　この節で学んだ事は，主に導体についてである事を知っておいてください。

④. 直並列接続抵抗の合成抵抗

この節で学ぶ事は，直列接続の合成抵抗の求め方と，並列接続の合成抵抗の求め方です。

例題 図のような直流回路において，抵抗 R [Ω] の値として，正しいのは次のうちどれか。

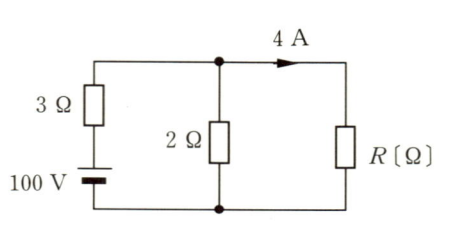

(1) 2.2　　(2) 4.0　　(3) 8.8　　(4) 10.3　　(5) 15.5

重要項目

R_1，R_2 並列の合成抵抗 R_0 は　$R_0 = \dfrac{R_1 R_2}{R_1 + R_2}$ [Ω]

R_1，R_2 直列の合成抵抗 R_0 は　$R_0 = R_1 + R_2$ [Ω]

解説

回路に並列抵抗 R_1，R_2，R_3…… の有る場合，合成抵抗値 R_0 を計算する式は，

$$\frac{1}{R_0} = \frac{1}{R_1} + \frac{1}{R_2} + \cdots\cdots$$

また，抵抗が2個の場合は，簡単に求める事ができて，下図において端子 ab 間の合成抵抗を求める式は，

$$\frac{1}{R_0} = \frac{1}{R_1} + \frac{1}{R_2} = \frac{R_1 + R_2}{R_1 R_2}$$

よって，

$$R_0 = \frac{R_1 R_2}{R_1 + R_2}$$

となります。

つぎに，直列抵抗 R_1，R_2，R_3…… の場合ですが，合成抵抗値 R_0 は，

$$R_0 = R_1 + R_2 + \cdots\cdots$$

となります。

解法

まず，電源から流れている電流を I [A] として，abcd のループでキルヒホッフの法則を適用する。

$$2(I-4)+3I=100$$

よって回路に流れている電流 I は，

$$5I=108$$

$$I=\frac{108}{5} \ \ [\text{A}]$$

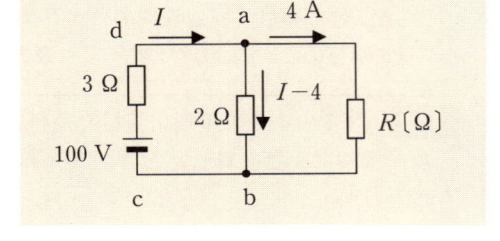

つぎに，回路の合成抵抗 R_0 [Ω] は，$R_1=3$ [Ω]，$R_2=2$ [Ω] とすると

$$R_0=R_1+\frac{R_2 R}{R_2+R}=3+\frac{2R}{2+R} \ \ [\Omega]$$

以上より，電源電圧を E [V] とすると，次式が成り立つ。

$$\frac{E}{I}=\frac{100}{108/5}=3+\frac{2R}{2+R}$$

この式を R について解くと

$$\frac{100\times 5}{108}-3=\frac{2R}{2+R}$$

$$\frac{500-324}{108}=\frac{2R}{2+R}$$

$$\frac{176}{108}=\frac{2R}{2+R}$$

$$176+88R=108R$$

$$20R=176$$

$$R=8.8 \ \ [\Omega]$$

となります。

よって，選択肢は，(3)となります。

正解 (3)

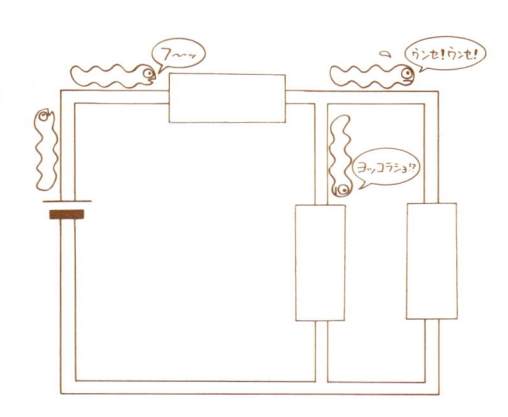

⑤. 抵抗（交流ではインピーダンス）のY-Δ変換

> この節で学ぶ事は，Y-Δ変換の公式です。Y-Δ変換の公式は，他の問題でも，よく使いますので，しっかり理解してください。

例題 図1のように星形に接続した抵抗 R_1，R_2 及び R_3 を図2のように三角形接続に等価換算したとき，抵抗 r_1 を表す式として，正しいのは次のうちどれか。

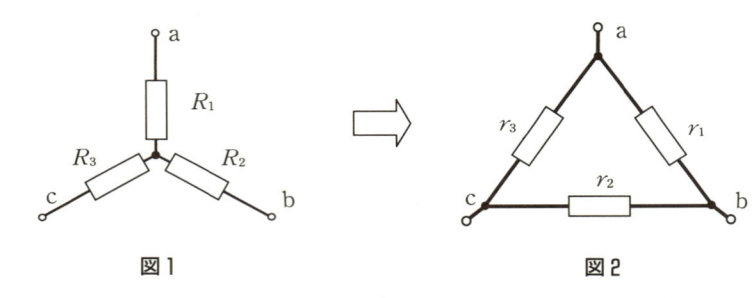

図1

図2

(1) $\dfrac{R_1R_2+R_2R_3+R_3R_1}{R_3}$ (2) $\dfrac{R_1R_2+R_2R_3+R_3R_1}{R_2}$

(3) $\dfrac{R_1R_2+R_2R_3+R_3R_1}{R_1}$ (4) $\dfrac{R_1R_2}{R_1+R_2+R_3}$ (5) $\dfrac{R_2R_3}{R_1+R_2+R_3}$

▌重要項目▌

$$r_1 = \frac{R_1R_2+R_2R_3+R_3R_1}{R_3} \qquad \cdots\cdots(3\text{-}3)$$

$$r_2 = \frac{R_1R_2+R_2R_3+R_3R_1}{R_1} \qquad \cdots\cdots(3\text{-}4)$$

$$r_3 = \frac{R_1R_2+R_2R_3+R_3R_1}{R_2} \qquad \cdots\cdots(3\text{-}5)$$

解説

電力系統は，**三相送電**がほとんどを占めます。そして，三相送電は，多くを **Y結線** または，**Δ結線** とします。そのため，Y結線とΔ結線のどちらでも計算できるようにする事が有益です。その目的で，Y-Δ変換を理解する必要があります。式(3-3)〜(3-5)は，Y-Δ変換をするための公式です。

また，電験3種においては，$R=R_1=R_2=R_3$ とする場合が多く，その時，各公式は，

$r_1=3R$，$r_2=3R$，$r_3=3R$

すなわち
$$r_1=r_2=r_3=3R$$
となります。

解法

下図のように端子 ab 間を短絡して，bc 間の**アドミタンス**を考えます。

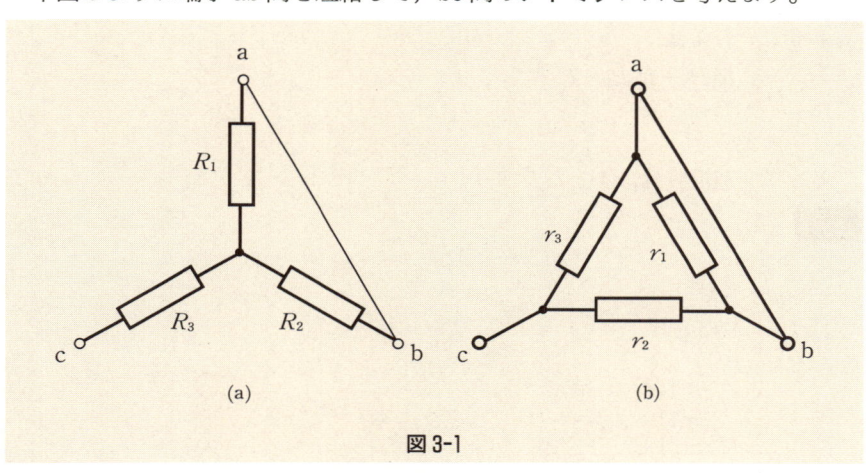

図 3-1

図 3-1(a)においては，端子 bc 間の抵抗 R_{bc} が

$$\frac{1}{R_{bc}}=\frac{1}{R_3+\dfrac{R_1R_2}{R_1+R_2}}=\frac{R_1+R_2}{R_1R_2+R_2R_3+R_3R_1}$$

図 3-1(b)においては，端子 bc 間の抵抗 r_{bc} が

$$\frac{1}{r_{bc}}=\frac{1}{r_2}+\frac{1}{r_3}$$

となります。ここで，$\dfrac{1}{R_{bc}}=\dfrac{1}{r_{bc}}$ ですから

$$\frac{1}{r_2}+\frac{1}{r_3}=\frac{R_1+R_2}{R_1R_2+R_2R_3+R_3R_1} \qquad \cdots\cdots(3\text{-}6)$$

同様に，bc 間短絡のアドミタンスを求めると

$$\frac{1}{r_3}+\frac{1}{r_1}=\frac{R_2+R_3}{R_1R_2+R_2R_3+R_3R_1} \qquad \cdots\cdots(3\text{-}7)$$

ca 間短絡のアドミタンスについては，

$$\frac{1}{r_1}+\frac{1}{r_2}=\frac{R_3+R_1}{R_1R_2+R_2R_3+R_3R_1} \qquad \cdots\cdots(3\text{-}8)$$

となります。

次に，{(式 3-6)+(式 3-7)+(式 3-8)}/2 を計算すると，

$$\frac{1}{r_1}+\frac{1}{r_2}+\frac{1}{r_3}=\frac{R_1+R_2+R_3}{R_1R_2+R_2R_3+R_3R_1} \quad \cdots\cdots\cdots(3\text{-}9)$$

となります。

さてここで，(式 3-9)−(式 3-6)とすると，

$$\frac{1}{r_1}=\frac{R_3}{R_1R_2+R_2R_3+R_3R_1}$$

よって，答えは，

$$r_1=\frac{R_1R_2+R_2R_3+R_3R_1}{R_3}$$

となります。

よって，選択肢は，(1)となります。

正解 (1)

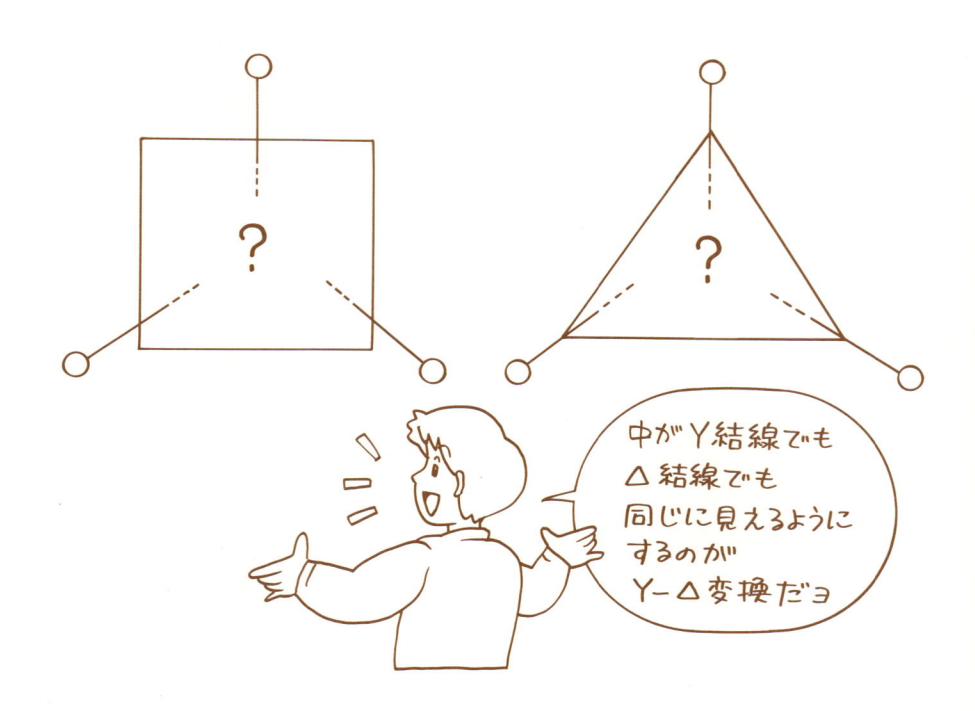

⑤. 抵抗（交流ではインピーダンス）の Y-Δ 変換

チョット発展

本問の場合は，**Y-Δ 変換**でした。反対に **Δ-Y 変換**もできます。
その時の公式は，

$$R_1 = \frac{r_3 r_1}{r_1 + r_2 + r_3} \quad \cdots\cdots\cdots\cdots (3\text{-}10)$$

$$R_2 = \frac{r_1 r_2}{r_1 + r_2 + r_3} \quad \cdots\cdots\cdots\cdots (3\text{-}11)$$

$$R_3 = \frac{r_2 r_3}{r_1 + r_2 + r_3} \quad \cdots\cdots\cdots\cdots (3\text{-}12)$$

また，$r = r_1 = r_2 = r_3$ の時は，

$$R = \frac{r}{3}$$

となります。

公式 (3-10)～(3-12) の求め方は，本文で**アドミタンス**としたところを**インピーダンス**とすれば，簡単に求められます。
練習問題としてやってみると良いでしょう。

「$r = r_1 = r_2 = r_3$ がよく出題されるんだ」

「あ！いつものだ」

⑥. 電気回路の基本定理

> この節で学ぶ事は，電源が2以上あった場合の計算方法です。また，**電圧源**と**電流源**の取り扱いについても学びます。

例題 図のような直流回路において，3 [Ω] の抵抗を流れる電流 [A] の値として，正しいのは次のうちどれか。

(1) 0.35　　(2) 0.45　　(3) 0.55　　(4) 0.65　　(5) 0.75

▮▮重要項目▮▮

電源が2以上有った場合は，**重ねの理**を使う。
電圧源は，内部抵抗＝0 [Ω]，端子電圧が常に一定
電流源は，内部抵抗＝∞ [Ω]，流れる電流が常に一定

解説

電源が2以上有った場合は，重ねの理を使って解くのが一般的です。

重ねの理は，それぞれの電源1個だけがあったとして，電流値を計算し，最後にその電流の代数和を求める方法です。では，どのように電源1個だけにするかと言いますと，

1．電圧源の場合は，電源を外して，外したところを短絡する。
2．電流源の場合は，電流源を外して，外したところを絶縁する。
3．そして，その時考える電源1個のみとする。
4．あとは，通常通り電流値を計算する。
5．最後に，電流が同じ方向の場合は＋，反対方向の場合は－で足し算する。
　（すなわち代数和です）

と言うようにします。

6. 電気回路の基本定理

83

|解法|

本問の場合，**重ねの理**を使います。

(a) まず**電圧源**のみが，有る場合を計算します。

回路図 3-2 において，電圧源のみが有る場合に抵抗 3 [Ω] に流れる電流 I_e [A] は，矢印の方向に流れて，

$$I_e = \frac{4}{3+5} = \frac{4}{8} = 0.5 \quad [A] \qquad \cdots\cdots\cdots\cdots(3\text{-}13)$$

となります。

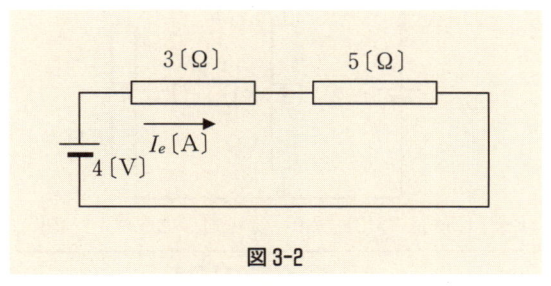

図 3-2

(b) 次に電流源のみがある場合を計算します。

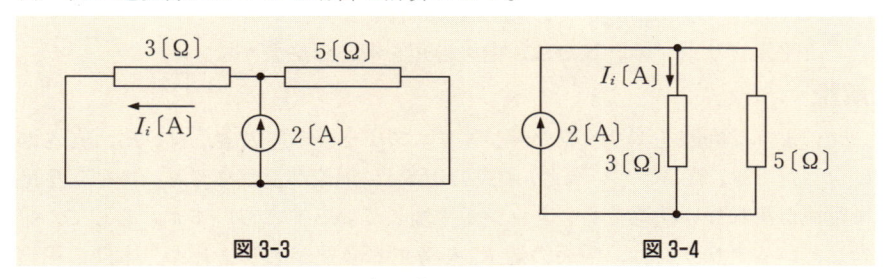

図 3-3 **図 3-4**

図 3-3 を見やすく図 3-4 に書き直します。

図 3-4 を見ると，I_i は，2 [A] が抵抗 3 [Ω] と 5 [Ω] で分流されたものですから，

$$I_i = \frac{5}{3+5} \times 2 = \frac{5}{8} \times 2 = \frac{5}{4} = 1.25 \quad [A] \qquad \cdots\cdots\cdots\cdots(3\text{-}14)$$

よって，電流の流れる方向を考え，重ねの理を使って求める電流 I [A] は，

$$I = I_i - I_e = 1.25 - 0.5 = 0.75$$

となります。

すなわち，I_i [A] と同じ方向に 0.75 [A] 流れます。

よって，選択肢は，(5) となります。

|正解| (5)

7. ブリッジ回路の平衡条件

この節で学ぶ事は、ブリッジ回路の平衡条件と平衡の時の回路状態を学びます。平衡ブリッジは、実験などで、よく利用される回路状態です。

例題 図の直流回路において、電源を流れる電流 I [A] の値として、正しいのは次のうちどれか。

(1) 1.0　　(2) 1.5　　(3) 2.0　　(4) 2.5　　(5) 3.0

重要項目

平衡ブリッジは、中央の辺に電流が流れない。
平衡ブリッジの計算では、中央の辺を考える必要がない。

解説

図のような回路をブリッジと呼びます。ブリッジの各辺 R_1, R_2, R_3, R_4 をかけ算したとき、値が等しい場合、中央の辺 R_5 に電流が流れません。中央の辺 R_5 に電流が流れない状態を「ブリッジが平衡している」と言います。そして、平衡しているブリッジは、中央の辺 R_5 を考える必要がありません。本問の場合、中央の辺 R_5 を削除して解きますが、短絡しても同じ結果となります。

$$R_1 R_4 = R_2 R_3 \quad (平衡している)$$

この場合、$R_5 = 0$ または、$R_5 = \infty$ のいずれにしても同じ結果となります。

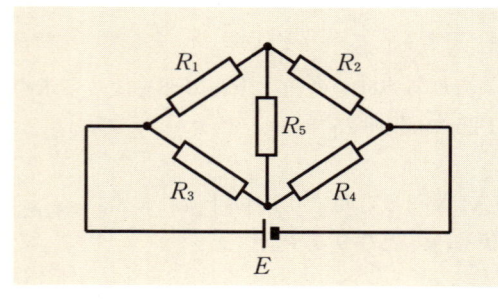

7. ブリッジ回路の平衡条件

解法

問題の図を見やすく書き直すと，図3-5となります。この図を見たとき各辺の抵抗は，4×4＝2×8で平衡しています。

そして，**ブリッジが平衡**している場合，中央の辺を考える必要がありません。

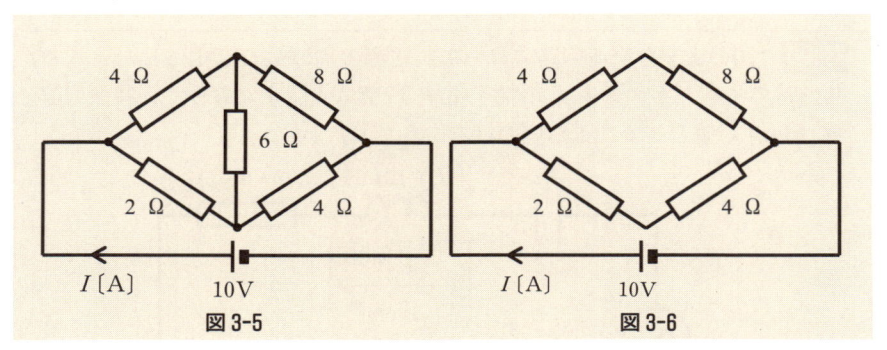

図3-5　　　**図3-6**

よって，平衡ブリッジですから，6〔Ω〕の辺に電流が流れません。そこで，図3-5の6〔Ω〕の辺をなくした図3-6で問題を解きます。

図3-6で合成抵抗 R を求めますと，

$$R = \frac{(2+4)\times(4+8)}{(2+4)+(4+8)} = \frac{6\times 12}{6+12} = \frac{72}{18} = 4 \quad [\Omega]$$

となります。

よって，回路に流れる電流 I 〔A〕は，

$$I = \frac{10}{4} = 2.5 \quad [A]$$

となります。

よって，選択肢は，(4)となります。

正解 (4)

第 4 章　交流回路

①. 直列共振，並列共振

> この節で学ぶ事は，**インダクタンス** L と**キャパシタンス** C が共振しているときの電流と，端子電圧です。**共振現象**について理解しましょう。

例題　図のような交流回路において，電源の周波数を変化させたところ，共振時のインダクタンス L の端子電圧 V_L は314 [V] であった。共振周波数 [kHz] の値として，正しいのは次のうちどれか。

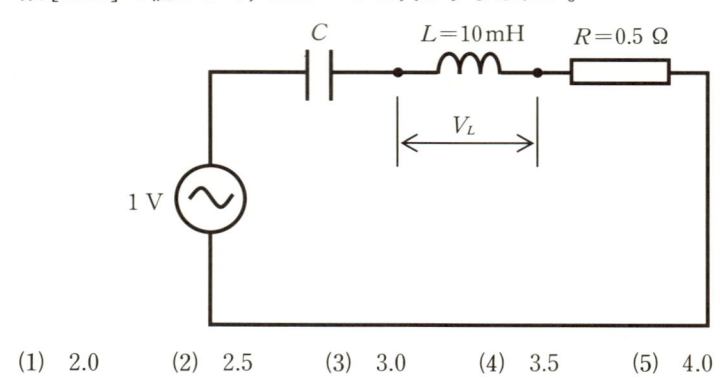

（回路図：電源 1 V，C，$L = 10\,\text{mH}$，$R = 0.5\,\Omega$ が直列接続。V_L は L の端子電圧）

(1)　2.0　　(2)　2.5　　(3)　3.0　　(4)　3.5　　(5)　4.0

■■重要項目■■

L-C 直列回路が共振しているときの電流制限は，抵抗分のみである。
L-C 並列回路が共振しているときは，抵抗が無限大になる。

解説

電気回路で，L-C 直列回路が**共振**しているときは，複素成分がゼロとなります。そして，電流を制限するのは，抵抗分のみとなります。そのため，流れる電流は，最大となります。流れる電流が最大であるため，インダクタンスおよびキャパシタンスの端子電圧は，最大となります。

例えば，例題の場合インピーダンスは，

$$Z = R + j\left(\omega L - \frac{1}{\omega C}\right)$$

上で述べたように**共振条件**は，複素成分"ゼロ"ですから，インピーダンス $Z\,[\Omega]$ が，$Z = R\,[\Omega]$ となります。

そして，回路に流れる電流 $I\,[\text{A}]$ が，$I = \dfrac{E}{R}\,[\text{A}]$ ですから，インダクタンスの端子電圧は，共振で最大となります。

1. 直列共振，並列共振

解法

回路のインピーダンス Z [Ω] は，

$$Z = R + j\left(\omega L - \frac{1}{\omega C}\right) \quad [\Omega]$$

ここで，回路が共振している事より，$\omega L - \frac{1}{\omega C} = 0$ であるから，

$$Z = R = 0.5 \quad [\Omega]$$

よって，回路に流れる電流 I [A] は，電源電圧を E [V] とすると

$$I = \frac{E}{Z} = \frac{1}{0.5} = 2 \quad [A]$$

よって，端子電圧 V_L [V] は，交流抵抗 ωL [Ω] と電流 I [A] の掛け算として，$V_L = \omega L I = 314$ [V] となりますから $\omega = 2\pi f$ として周波数 f [Hz] について解くと

$$f = \frac{314}{2\pi L I} = \frac{314}{2\pi \times 10 \times 10^{-3} \times 2} = \frac{100}{2 \times 10 \times 10^{-3} \times 2} = 2.5 \times 10^3 \quad [Hz]$$

ゆえに答は，2.5 [kHz] となります。

よって，選択肢は，(2) となります。

正解 (2)

②. ひずみ波交流の取扱い

> この節で学ぶ事は，ひずみ波の**ひずみ率**計算と，周波数が違う正弦波の実効値計算です。ひずみ波は，実回路のトラブルでよく語られる問題です。

例題 $v = 200 \sin \omega t + 40 \sin 3\omega t + 30 \sin 5\omega t$ [V] で表されるひずみ波交流電圧の波形のひずみ率の値として，正しいのは次のうちどれか。ただし，ひずみ率は次の式による。

$$\text{ひずみ率} = \frac{\text{高調波の実効値 [V]}}{\text{基本波の実効値 [V]}}$$

(1) 0.05　　(2) 0.1　　(3) 0.15　　(4) 0.2　　(5) 0.25

重要項目

$$\text{ひずみ率} = \frac{\text{高調波の実効値[V]}}{\text{基本波の実効値[V]}} \quad \cdots\cdots (4\text{-}1)$$

$$\text{高調波の実効値} = \sqrt{v_2{}^2 + v_3{}^2 + \cdots\cdots} \quad \cdots\cdots (4\text{-}2)$$

解説

　一般に送電線から配電される電源は，ほとんど**高調波**を含みません。50 [Hz] または 60 [Hz] の正弦波です。ですが，工場や家庭内では，インバータ機器などが多数存在していますので，様々な高調波を含みます。**インバータ機器**が，高調波の主な発生源です。そして「どれだけ高調波を含んでいるか」を定量的に表すのがひずみ率です。式 (4-1)

　それでは，高調波とは何かと言いますと，50 [Hz] や 60 [Hz] の基本調波に対して，整数倍の周波数を持つ正弦波の事を言います。例えば，基本調波の2倍の周波数でしたら，第2調波，3倍の周波数でしたら，第3調波，……と言うわけです。

　では，ひずみ率を求めるための**高調波の実効値**は，どのように計算するのでしょうか。それが，式 (4-2) です。式 (4-2) は，第2調波の実効値 v_2，第3調波の実効値 v_3，……を2乗して加算し，平方根を計算しています。

　この実効値の計算は，電圧だけでなく電流にも当てはまります。

　以下の解法で，計算の仕方を確認してください。

解法

まず，角周波数の実効値は，

$$基本波 = \frac{200}{\sqrt{2}} \quad [\text{V}]$$

$$第3調波 = \frac{40}{\sqrt{2}} \quad [\text{V}]$$

$$第5調波 = \frac{30}{\sqrt{2}} \quad [\text{V}]$$

よって，**高調波の実効値** V_h [V] は，

$$V_h = \sqrt{\left(\frac{40}{\sqrt{2}}\right)^2 + \left(\frac{30}{\sqrt{2}}\right)^2} = \sqrt{\frac{1,600}{2} + \frac{900}{2}} = \sqrt{\frac{2,500}{2}} = \frac{50}{\sqrt{2}} \quad [\text{V}]$$

よって，ひずみ率は，

$$ひずみ率 = \frac{50/\sqrt{2}}{200/\sqrt{2}} = \frac{50}{200} = 0.25$$

となります。

よって，選択肢は，(5)となります。

正解 (5)

③. 三相交流回路の電圧・電流の関係

> この節で学ぶ事は，三相電源の Δ-Y 変換法による線電流計算です。電源の Δ-Y 変換は，よく使いますので，しっかり学んでください。

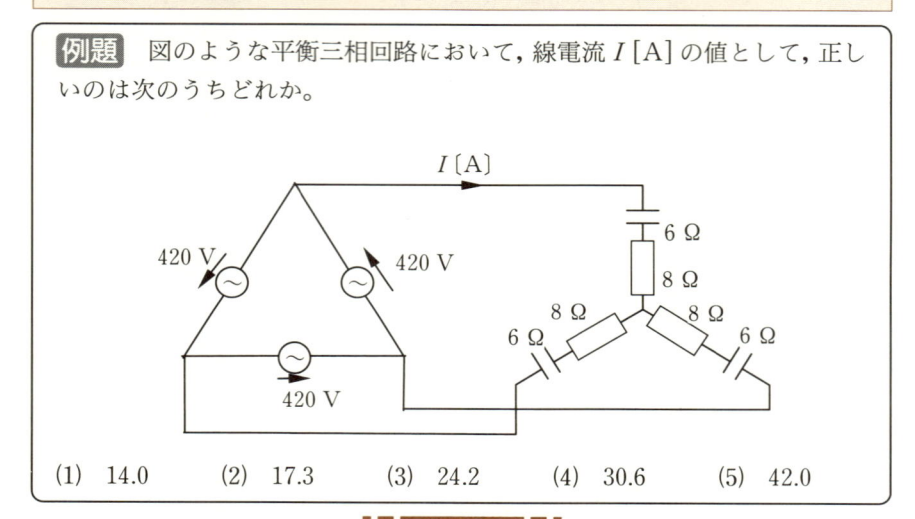

例題 図のような平衡三相回路において，線電流 I [A] の値として，正しいのは次のうちどれか。

(1) 14.0　　(2) 17.3　　(3) 24.2　　(4) 30.6　　(5) 42.0

重要項目

平衡三相回路は，1相当たりで計算する
線電流を計算する場合は，Y-Y 結線で考える
電源を Δ-Y 変換すると相電圧は，$\sqrt{3}$ で割ったものとなる

解説

　三相回路の電流計算は，そのままで計算すると，ベクトル位相を考える必要があります。そこで，一般に1相当たりで計算するのが普通です。また，本問の場合，平衡三相回路ですから，Δ-Y 変換が簡単にできます。そこで，線電流を計算する常道として，Y-Y **結線**にします。なぜならば，Δ-Δ **結線**ですと相電流と線電流が違うからです。

　電源の Δ-Y 変換は，電圧を $\sqrt{3}$ で割ったものとなります。すなわち，Δ 結線の相電圧が E [V] のとき，Y 結線に変換すると，相電圧は，$\dfrac{E}{\sqrt{3}}$ となります。

解法

　図の三相回路は，三相が平衡しているので，1相当たりで計算します。まず，1相当たりにするため，電源の Δ 結線を図 4-1 のように Δ-Y 変換します。

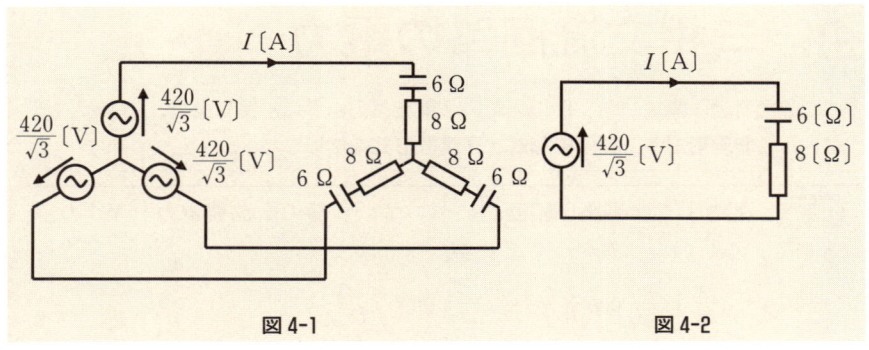

3. 三相交流回路の電圧・電流の関係

図 4-1

図 4-2

そして，図 4-1 で，1相だけを取り出すと，図 4-2 となります。

図 4-2 より，回路のインピーダンス $Z\,[\Omega]$ は，

$$Z=\sqrt{6^2+8^2}=\sqrt{100}=10\quad[\Omega]$$

となりますから，**線電流** $I\,[\mathrm{A}]$ は，

$$I=\frac{\frac{420}{\sqrt{3}}}{10}=\frac{42}{\sqrt{3}}=\frac{42\sqrt{3}}{3}=14\sqrt{3}\fallingdotseq 24.2\quad[\mathrm{A}]$$

となります。

よって，選択肢は，(3)となります。

正解 (3)

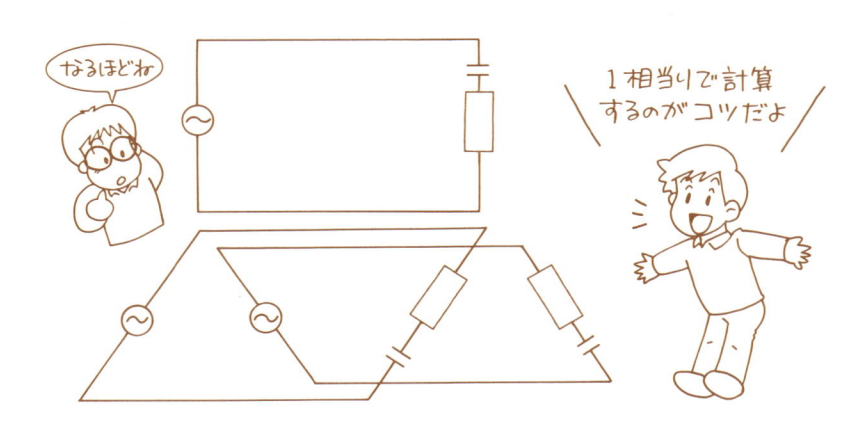

4. 三相交流回路の電力

> この節で学ぶ事は，ベクトルの値の2乗をどのように計算するか，および，ベクトルの表現形式で，極座標形式と複素数形式を学びます。

例題 図のような平衡三相回路において，負荷の全消費電力[kW]の値として，正しいのは次のうちどれか。

図中の $\angle \frac{\pi}{6}$ は，$\left[\cos\frac{\pi}{6} + j\sin\frac{\pi}{6}\right]$ を表す。

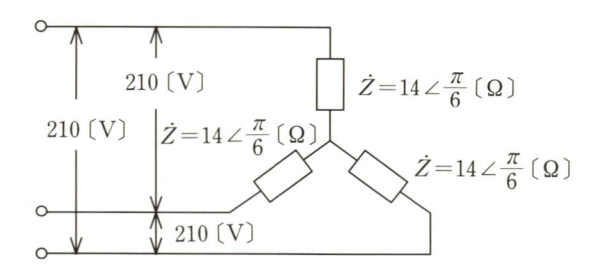

210〔V〕
210〔V〕 $\dot{Z} = 14\angle\frac{\pi}{6}$〔Ω〕
$\dot{Z} = 14\angle\frac{\pi}{6}$〔Ω〕
$\dot{Z} = 14\angle\frac{\pi}{6}$〔Ω〕
210〔V〕

(1) 1.58　　(2) 1.65　　(3) 2.73　　(4) 2.86　　(5) 4.73

▮▮重要項目▮▮

平衡三相回路は，1相当たりで考える。
$\dot{Z} = Z\angle\theta = Z(\cos\theta + j\sin\theta)$
$|\dot{I}|^2 = I^2 = |(I_1 + jI_2)|^2 = I_1^2 + I_2^2$

解説

「平衡三相回路は，1相当たりで考える」という事は，他の節でも何度か出てきています。（それだけ重要だという事です）なぜ1相当たりで考えるかと言いますと，線電流と線間電圧は，位相が30度ずれています。そのため，線電流と線間電圧で計算するときは，30度の位相ずれを常に意識して，問題を解く必要があり，そうしないと間違いを起こしやすいからです。

次に，$\dot{Z} = Z\angle\theta = Z(\cos\theta + j\sin\theta)$ と言う表現です。これは，ベクトルの表現形式で極座標形式での表現と複素数形式での表現を表しています。図4-3を見てもらうと解りますが，同じベクトルを表現しています。

次に，$|\dot{I}|^2 = I^2 = |(I_1 + jI_2)|^2 = I_1^2 + I_2^2$ ですが，これは，ベクトルの値の2乗 $|\dot{I}|^2$ は $|(I_1 + jI_2)|^2 = I_1^2 + I_2^2$ と計算できる事を表しています。

4. 三相交流回路の電力

(a) 極座標形式　　　(b) 複素数形式

図4-3　ベクトル表現

解法

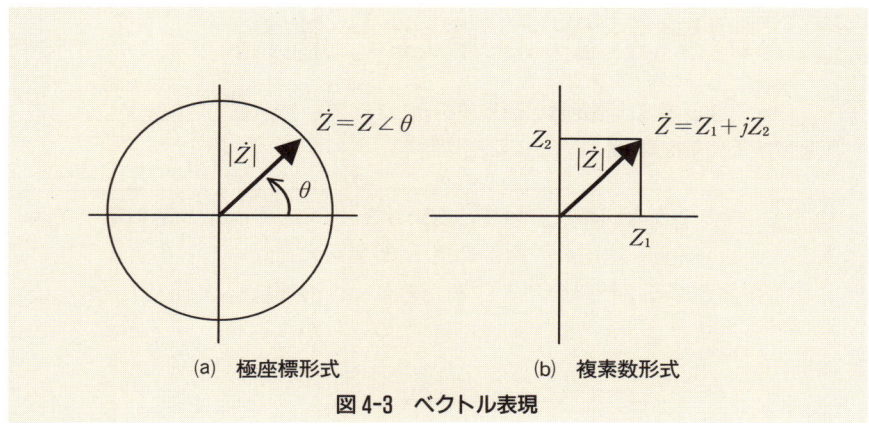

平衡三相回路であるから，1相当たりで計算します。

まず，電源電圧を，1相電圧 E [V] にすると，

$$E = \frac{210}{\sqrt{3}} \quad [\text{V}]$$

よって，流れる線電流 $\dot{I}$ [A] は，

$$\dot{I} = \frac{E}{\dot{Z}} = \frac{210/\sqrt{3}}{14\angle\frac{\pi}{6}} = \frac{30}{2\sqrt{3}}\angle\left(-\frac{\pi}{6}\right) = \frac{15}{\sqrt{3}}\angle\left(-\frac{\pi}{6}\right) \quad [\text{A}]$$

ここで，$\dot{I}$ [A] の値 $|\dot{I}|$ [A] は，

$$|\dot{I}| = I = \frac{15}{\sqrt{3}} \quad [\text{A}]$$

よって，1相当たりの消費電力 P [W] は，

$$P = I^2 Z \cos\frac{\pi}{6} = \left(\frac{15}{\sqrt{3}}\right)^2 \times 14 \times \frac{\sqrt{3}}{2} = \frac{225 \times 7}{\sqrt{3}} \quad [\text{W}]$$

三相の消費電力 $3P$ [W] は，

$$\begin{aligned}
3P &= 3 \times \frac{225 \times 7}{\sqrt{3}} \\
&= \sqrt{3} \times 225 \times 7 \\
&\fallingdotseq 1.732 \times 225 \times 7 \\
&= 2,727.9 \quad [\text{W}] \\
&= 2.73 \quad [\text{kW}]
\end{aligned}$$

となります。よって，選択肢は，(3)となります。

正解　(3)

第 5 章　電気・電子の計測

1. 電気計器の原理と適用

> この節で学ぶ事は，測定器の誤差率の表し方です。測定器の内部抵抗によって誤差が出る仕組を理解して下さい。

例題　図のような回路において，電圧計を用いて端子 a，b 間の電圧を測定したい。その時，電圧計の内部抵抗 R が無限大でないことによって生じる測定の誤差率を 2 [%] 以内とするためには，内部抵抗 R [kΩ] の最小値をいくらにすればよいか。正しい値を次のうちから選べ。

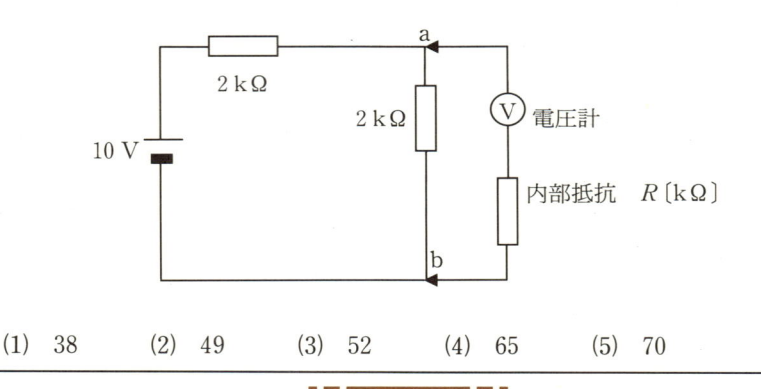

(1) 38　　(2) 49　　(3) 52　　(4) 65　　(5) 70

重要項目

$$\varepsilon = \frac{測定値 - 真の値}{真の値} \times 100 \quad [\%] \qquad \cdots\cdots(5\text{-}1)$$

解説

測定の正確さを表す値として，**誤差率**というのがあります。その計算式が式 (5-1) です。この問題において，式 (5-1) を思い出すことが，重要です。もう少し具体的に示しますと，電圧の場合は，$\varepsilon = \dfrac{V_M - V_T}{V_T} \times 100\ [\%]$ と表します。ここで，V_T は，計算上の**真の値**で，V_M は，**測定値**です。

解法

まず，電圧計が接続される前の ab 間電圧の真の値 V_T [V] を計算する。

$$V_T = \frac{2}{2+2} \times 10 = 5 \quad [\text{V}] \qquad \cdots\cdots(5\text{-}2)$$

次に，電圧計が接続されているときの電圧 V_M [V] を計算すると，

1. 電気計器の原理と適用

$$V_M = \frac{\dfrac{2R}{2+R}}{2+\dfrac{2R}{2+R}} \times 10$$

$$= \frac{2R}{2(2+R)+2R} \times 10$$

$$= \frac{R}{2+R+R} \times 10$$

$$= \frac{R}{2+2R} \times 10$$

$$= \frac{5R}{1+R} \quad [\text{V}] \quad \cdots\cdots\cdots\cdots(5\text{-}3)$$

となります。

題意から，**誤差率** $\varepsilon\,[\%]$ は，

$$\varepsilon = \frac{V_M - V_T}{V_T} \times 100 \leq 2$$

となりますので，式(5-2), (5-3)から，

$$\left| \frac{\dfrac{5R}{1+R} - 5}{5} \times 100 \right| \leq 2$$

$$\left| \left(\frac{R}{1+R} - 1\right) \times 100 \right| \leq 2$$

$$\left| \left(\frac{R-(1+R)}{1+R}\right) \times 100 \right| \leq 2$$

$$\left| \frac{-100}{1+R} \right| \leq 2$$

$$|-100| \leq 2+2R$$

$$|-50| \leq 1+R$$

$$50 \leq 1+R$$

$$R \geq 49$$

となります。

よって，選択肢は，(2)となります。

正解 (2)

②. 単相，三相電力の測定

> この節で学ぶ事は，線間電圧と線電流の位相差が30°である事と，電力量計の電圧電流測定方向です。言葉で理解は難しいのでベクトル図で理解しましょう。

例題 対称三相起電力の電源から抵抗 R の平衡三相負荷に電力を供給する回路において，単相電力計を図のように接続して，4時間の電力測定をしたところ，2〔kW・h〕の計量値を示した。この場合の三相電力〔kW〕として，正しいのは次のうちどれか。ただし，相回転は1，2，3，の順とする。

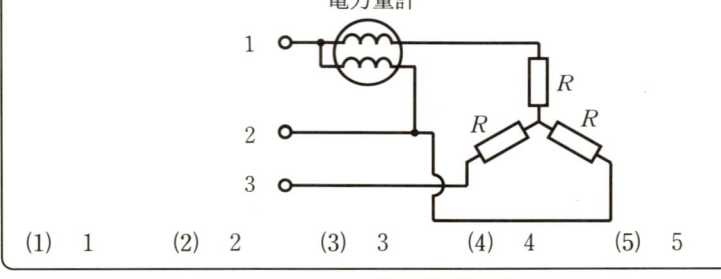

(1) 1 (2) 2 (3) 3 (4) 4 (5) 5

重要項目

線間電圧と線電流は，30度の位相差がある。
電力量計の電圧コイルと電流コイルの測定方向に注意する。

解説

問題の図と図5-1を見ながら説明を読んでください。まず，電圧コイルは，配線1と2間に入っています。そして，電流コイルと共通端子が配線1側，電圧端子が配線2側です。よって，電圧コイルに印可されている電圧 $\dot{V}_{12}$〔V〕は，$\dot{V}_{12} = \dot{V}_1 - \dot{V}_2$ となります。ですが，電流 $\dot{I}_1$〔A〕は電圧 $\dot{V}_1$〔V〕で流れますから，電圧 $\dot{V}_1$〔V〕と同相です。よって，$\dot{V}_{12}$ と $\dot{I}_1$ の位相差が，30°となります。次に電圧コイルの電圧方向ですが，電圧端子から電流との共通端子に測定します。

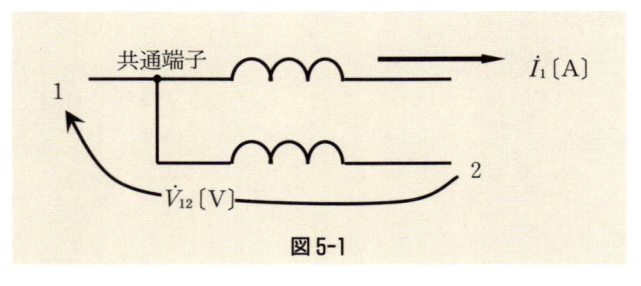

図 5-1

❷. 単相，三相電力の測定

電流端子は，共通端子から，負荷側へ電流測定します。

以上から，**電力量計**の電圧と電流測定方向は，図5-1及び図5-2のようになります。

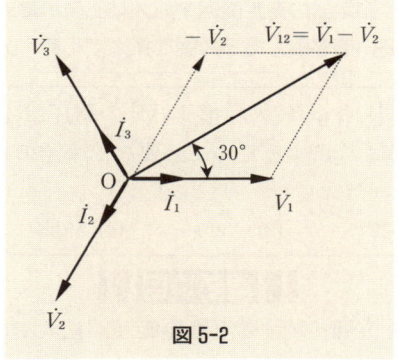

図 5-2

|解法|

まず，線間電圧を V [V]，線電流を I [A] とすると，抵抗 R の消費電力 P [W] は，抵抗の三相負荷ですから $\cos\theta=1$ として

$$P=\sqrt{3}\,VI\cos\theta=\sqrt{3}\,VI \quad\quad\quad\cdots\cdots\cdots(5\text{-}4)$$

となります。（この式の $\sqrt{3}$ は，三相負荷だからです）

次に，電力量計の電圧コイルは，1−2間の線間電圧 V_{12} [V]$=V$ [V] を測定しています。また，電流コイルは，線電流 I_1 [A]$=I$ [A] を測定しています。そして，三相回路において，線間電圧と，線電流は，30度の位相差があります。よって，測定時間を t [h] とした時の**測定電力量** W[kW·h] は，

$$W=V_{12}I_1\cos 30°\,t=VI\frac{\sqrt{3}}{2}t \quad\quad\quad\cdots\cdots\cdots(5\text{-}5)$$

この式を VI について解くと

$$VI=\frac{2W}{\sqrt{3}\,t} \quad\quad\quad\cdots\cdots\cdots(5\text{-}6)$$

式 (5-6) を式 (5-4) に代入すると，

$$P=\sqrt{3}\,VI=\sqrt{3}\frac{2W}{\sqrt{3}\,t}=\frac{2W}{t} \quad\quad\quad\cdots\cdots\cdots(5\text{-}7)$$

式 (5-7) に各値を代入すると，

$$P=\frac{2\times 2}{4}=1\ \ [\text{kW}]$$

となります。

よって，選択肢は，(1)となります。

|正解| (1)

③. 倍率器，分流器

この節で学ぶ事は，測定器の測定範囲を拡大する時の接続する抵抗です。電圧測定範囲を拡大する時，倍率器，電流範囲を拡大する時，分流器と言います。

例題 内部抵抗 $3\,[\mathrm{k}\Omega]$，最大目盛 $1\,[\mathrm{V}]$ の電圧計を使用して最大 $100\,[\mathrm{V}]$ まで測定できるようにするために必要な倍率器の抵抗 $[\mathrm{k}\Omega]$ として，正しい値は次のうちどれか。
(1) 290　　(2) 297　　(3) 300　　(4) 303　　(5) 330

重要項目

電圧計に抵抗を直列接続すると測定範囲が拡大でき，その抵抗を倍率器という。

解説

よく使われているテスターなど，1つのメーターで広い範囲の電圧を測定する場合，スイッチで測定範囲を切り換えます。そのスイッチで切り換えているのが，倍率器という抵抗器です。この抵抗器の値を求める場合は，回路に流れる電流が，等しい事を利用します（図 5-3 参照）。

また，電流の測定範囲を広くするときは，分流器という抵抗 $R\,[\Omega]$ を接続します。この，抵抗 $R\,[\Omega]$ を計算するときは，電圧が等しい事を利用します（図 5-4 参照）。

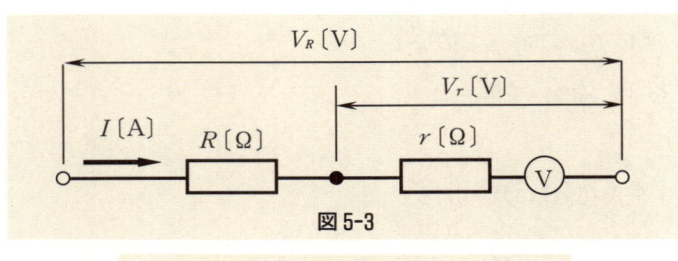

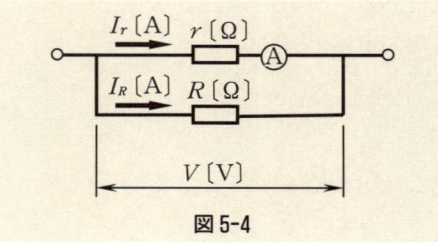

図 5-3

図 5-4

③. 倍率器, 分流器

解法

まず, 電圧計の内部抵抗を $r=3$ [Ω], 倍率器の抵抗を R [Ω] とすると, 図5-5のようになります。図5-5において抵抗 r [Ω], R [Ω] に流れる電流を I [A] とすると,

$$V_R=(R+r)I \quad [\text{V}] \qquad V_r=rI \quad [\text{V}]$$

が成り立ちます。

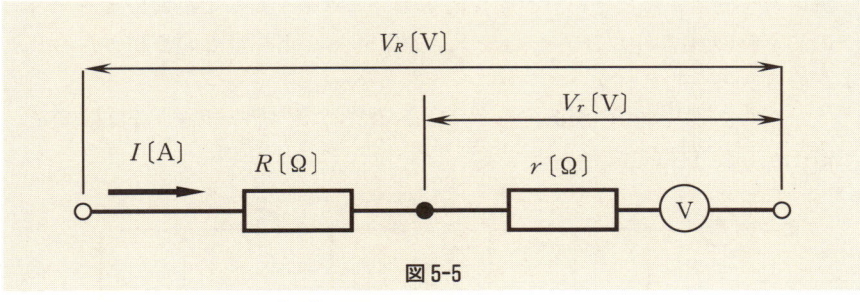

図5-5

ここで, 流れる電流 I [A] が等しい事から,

$$\frac{V_R}{(R+r)}=\frac{V_r}{r} \qquad \cdots\cdots\cdots(5\text{-}8)$$

また, 題意より $V_r=1$ [V], $V_R=100$ [V] ですから, 式(5-8)に各値を代入して R [Ω] について解くと,

$$\frac{100}{(R+3)}=\frac{1}{3}$$

$$R+3=3\times100$$

$$R=300-3=297 \quad [\text{k}\Omega]$$

となります。

よって, 選択肢は, (2)となります。

正解 (2)

4. 誤差率

この節で学ぶ事は，測定器の誤差です。測定器の接続によって誤差が，どのように計算できるかを学んでください。

例題 電圧計Ⓥ及び電流計Ⓐを用いて負荷抵抗 $R\,[\Omega]$ で消費される直流電力を測定するとき，計器の接続を図1又は図2とした場合のそれぞれの測定値の誤差 ε_1 及び誤差 ε_2 を表す式として，正しいものを組み合わせたのは次のうちどれか。

ただし，電圧計の内部抵抗を $r_v\,[\Omega]$，電流計の内部抵抗を $r_i\,[\Omega]$，負荷電圧を V_0，負荷電流を I_0 とする。

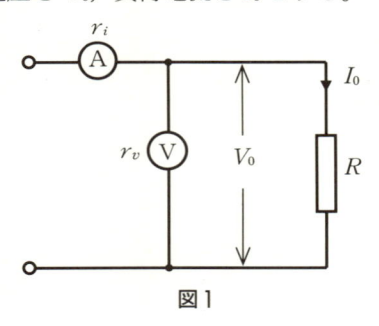

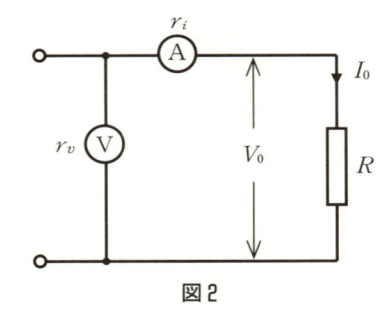

図1　　　　　　　　　図2

(1) $\varepsilon_1 = \dfrac{r_v}{r_i} V_0 I_0$　　　$\varepsilon_2 = \dfrac{r_v}{R} V_0 I_0$

(2) $\varepsilon_1 = \dfrac{R}{r_v} V_0 I_0$　　　$\varepsilon_2 = \dfrac{r_v}{R} V_0 I_0$

(3) $\varepsilon_1 = \dfrac{R}{r_i} V_0 I_0$　　　$\varepsilon_2 = \dfrac{r_i}{r_v} V_0 I_0$

(4) $\varepsilon_1 = \dfrac{R}{r_v} V_0 I_0$　　　$\varepsilon_2 = \dfrac{r_i}{R} V_0 I_0$

(5) $\varepsilon_1 = \dfrac{R}{r_i} V_0 I_0$　　　$\varepsilon_2 = \dfrac{r_i}{R} V_0 I_0$

重要項目

電流計や電圧計は，**内部抵抗**を持っています。

解説

導体というのは，その材料と形状によって決まる抵抗を持っています。電流計や電圧計も電流を流すコイルに抵抗を持っています。そして，その抵抗によ

④. 誤差率

って，測定誤差が出ます。誤差の原因としては，計測器に流れる電流とその電流による電圧降下です。そのため，誤差は，オームの法則で計算する事ができます。

解法

まず，図1において電圧計と電流計の読みを V_v [V], I_A [A] とすると，

$$V_v = V_0$$

$$I_A = I_0 + \frac{V_0}{r_v} = I_0 + \frac{RI_0}{r_v}$$

よって，電力の測定値を P_M，真の値を P_T とすると，誤差 ε_1 は

$$\varepsilon_1 = P_M - P_T = I_A V_v - I_0 V_0$$

$$= \left(I_0 + \frac{RI_0}{r_v}\right) V_0 - I_0 V_0$$

$$= I_0 V_0 + \frac{R}{r_v} I_0 V_0 - I_0 V_0$$

$$= \frac{R}{r_v} V_0 I_0$$

次に，図2において電圧計と電流計の読みを V_v [V], I_A [A] とすると，

$$V_v = V_0 + r_i I_0 = V_0 + r_i \frac{V_0}{R}$$

$$I_A = I_0$$

よって，電力の**測定値**を P_M，**真の値**を P_T とすると，誤差 ε_2 は

$$\varepsilon_2 = P_M - P_T = I_A V_v - I_0 V_0$$

$$= I_0 \left(V_0 + r_i \frac{V_0}{R}\right) - I_0 V_0$$

$$= I_0 V_0 + I_0 r_i \frac{V_0}{R} - I_0 V_0$$

$$= \frac{r_i}{R} V_0 I_0$$

となります。

よって，選択肢は，(4)となります。

正解 (4)

第6章　電子工学

①. 平等電界，磁界中の電子の運動

> この節で学ぶ事は，電荷が電界から得る**電界エネルギー**と，速度を持っている物質の**運動エネルギー**について学びます。

例題　真空中におかれた平行電極板間に，直流電圧 V [V] を加えて平等電界 E [V/m] を作り，この陰極板に電子をおいた場合，初速度零で出発した電子が陽極板に到達したときの速度は，v [m/s] となった。このときの電子の運動エネルギーは，電子が陽極板に到達するまでに得るエネルギーに等しいと考えられ，次の式が成立する。

$$\frac{1}{2}mv^2 = \boxed{(ア)}$$

ただし，電子の電荷を e [C]，電子の質量を m [kg] とする。

したがって，この式から電子の速度 v [m/s] は，$\boxed{(イ)}$ で表される。

上記の記述の空白箇所(ア)及び(イ)に記入する字句として，正しいものを組み合わせたのは次のうちどれか。

(1)　(ア) eE　　(イ) $\sqrt{\dfrac{2eE}{m}}$　　(2)　(ア) eV　　(イ) $\sqrt{\dfrac{4eV}{m}}$

(3)　(ア) $2eV$　(イ) $\sqrt{\dfrac{4eV}{m}}$　　(4)　(ア) eV　　(イ) $\sqrt{\dfrac{2eV}{m}}$

(5)　(ア) eE　　(イ) $\sqrt{\dfrac{4eE}{m}}$

重要項目

$$E_e = eV \quad [\text{J}] \quad \cdots\cdots\cdots (6\text{-}1)$$

$$E_v = \frac{1}{2}mv^2 \quad [\text{J}] \quad \cdots\cdots\cdots (6\text{-}2)$$

解説

電荷 e [C] が，電界 E [V/m] で得るエネルギー E_e [J] は，

$$E_e = eV \quad [\text{J}]$$

となります。これは，**電界によって得るエネルギー**と言います。電位の定義が，「1 [C] の電荷を動かしたときに 1 [J] のエネルギーを得る電位差を 1 [V] とする」に通じるものです。

次に，質量 m [kg]，速度 v [m/s] の物質が持つエネルギー E_v [J] は，

1. 平等電界，磁界中の電子の運動

$$E_v = \frac{1}{2}mv^2 \quad [\text{J}]$$

となります。これは，高校の授業で習った式です。

解法

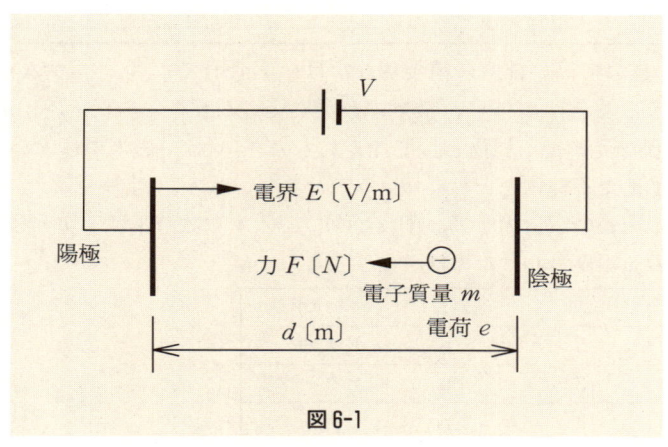

図6-1

まず，電子 e [C] が，電界 E [V/m] に従って，電位 V [V] の電極間を移動するときのエネルギー E_e [J] は，

$$E_e = eV \quad [\text{J}] \quad \cdots\cdots\cdots\cdots(6\text{-}3)$$

次に，電子 e [C] が，電界 E [V/m] によって，加速され，速度 v [m/s] になったときの運動エネルギー E_v [J] は，

$$E_v = \frac{1}{2}mv^2 \quad [\text{J}] \quad \cdots\cdots\cdots\cdots(6\text{-}4)$$

ここで，式 (6-3)，(6-4) は，等しいので，

$$E_e = E_v$$

$$eV = \frac{1}{2}mv^2$$

速度 v [m/s] について解くと，

$$v = \sqrt{\frac{2eV}{m}} \quad [\text{m/s}]$$

となります。

よって，選択肢は，(4) となります。

正解 (4)

2. 半導体

> この節で学ぶ事は、次の言葉の意味です。**真性半導体，不純物半導体，n 形半導体，p 形半導体，アクセプタ，ドナー，キャリア，電子，ホール**です。

例題 極めて高い純度に精製されたけい素 (Si) やゲルマニウム (Ge) などのような真性半導体に、微量のひ素 (As) 又はアンチモン (Sb) などの (ア) 価の元素を不純物として加えたものを (イ) 形半導体といい、このとき加えた不純物を (ウ) という。

上記の記述の空白箇所(ア)，(イ)及び(ウ)に記入する数値又は字句として、正しいものを組み合わせたのは次のうちどれか。

	(ア)	(イ)	(ウ)
(1)	5	n	ドナー
(2)	3	p	アクセプタ
(3)	3	n	ドナー
(4)	5	n	アクセプタ
(5)	3	p	ドナー

重要項目

導体，半導体，絶縁物
真性半導体，不純物半導体，n 形半導体，p 形半導体
アクセプタ，ドナー，キャリア，電子，ホール

解説

半導体 は、抵抗率が $10^{-4} \sim 10^{6}\,[\Omega\mathrm{m}]$ の物質をいいます。それよりも小さい抵抗率の場合は、**導体** で、大きい抵抗率の場合は、**絶縁物** です。

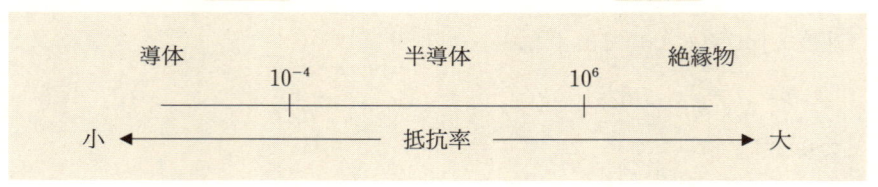

```
 導体           半導体          絶縁物
       10⁻⁴           10⁶
 小 ←──────── 抵抗率 ────────→ 大
```

そして、半導体の中に**けい素** (Si：シリコン) と**ゲルマニウム** (Ge) があります。

また、けい素とゲルマニウムの**不純物**を取り除いて，**高純度**にした物を **真性半導体** と言います。

2. 半導体

けい素やゲルマニウムは，**最外殻電子数**が 4，すなわち 4 価の**元素**です。

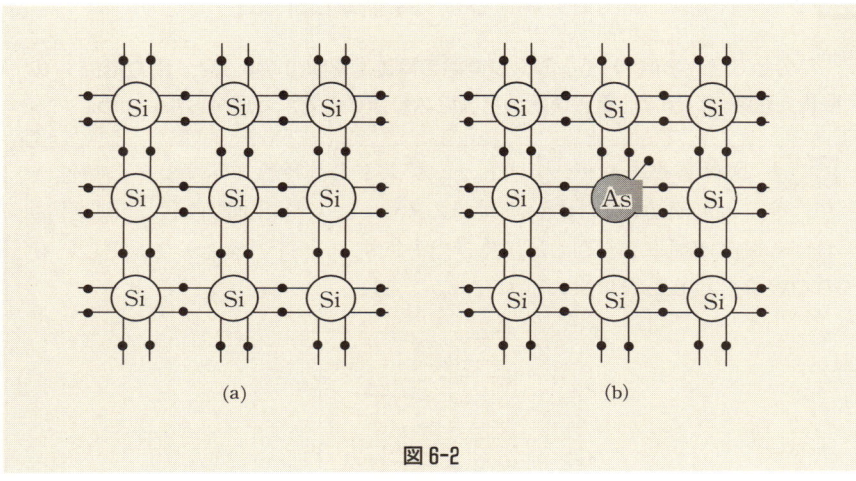

図 6-2

そして，**最外殻電子**が隣の原子と共有されて，安定な状態となります(図 6-2 (a))。そこへ，最外殻電子が 5 個(5 価の原子です)の，**ひ素**や**アンチモン**を**不純物**として**微量注入**します。(図 6-2(b)) この状態を，不純物半導体 と言います。この注入した不純物を ドナー と言います。そして，注入された原子では，電子が 1 個余った状態になります。この余った電子は，電流を流す キャリア となります。電子が 1 個余った不純物半導体を n 形半導体 と言います。反対に最外殻電子が 3 個(3 価の原子です)の物質を微量注入すると，電子が 1 個不足した状態になります。この不純物を，アクセプタ と言います。この電子が 1 個不足した場所を ホール と言います。**ホール**もまた，電子と同じように電流を流すキャリアとなります。そして，この場合の不純物半導体を p 形半導体 と言います。

|解法|

解説で述べましたように，ヒ素やアンチモンは，5 価の元素です。5 価の元素を**真性半導体**に不純物として加えた物は，**n 形半導体**と言います。そして，このとき加えた不純物をドナーと言います。

よって，選択肢は，(1)となります。

|正解|　(1)

③. トランジスタ増幅回路

この節で学ぶ事は，トランジスタ回路の**電流増幅率** β の計算と，**出力抵抗** r_0 の計算方法を学びます。電子機器の基礎になりますのでよく理解しましょう。

例題 図はあるエミッタ接地トランジスタの静特性を示す。この特性より，ベース電流 $I_B=40\,[\mu A]$，コレクタ・エミッタ間の電圧 $V_{CE}=6\,[V]$ における電流増幅率 β（又は h_{fe}）及び出力抵抗 $r_0\,[\Omega]$ の値として，正しいものを組み合わせたのは次のうちどれか。

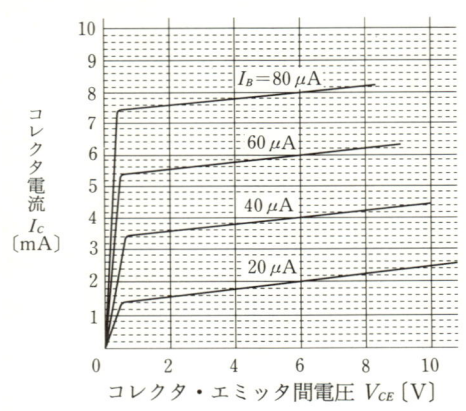

(1)　$\beta=80$　　　$r_0=30000$　　(2)　$\beta=100$　　$r_0=10000$
(3)　$\beta=100$　　$r_0=20000$　　(4)　$\beta=200$　　$r_0=10000$
(5)　$\beta=200$　　$r_0=20000$

重要項目

$$\beta=\frac{\Delta I_C}{\Delta I_B} \qquad r_0=\frac{\Delta V_{CE}}{\Delta I_C}$$

解説

一般的な，エミッタ接地回路は，図6-3となります。

図において，I_B はベース電流，I_C はコレクタ電流，V_{CE} はコレクタ・エミッタ間電圧，r_0 は出力抵抗です。

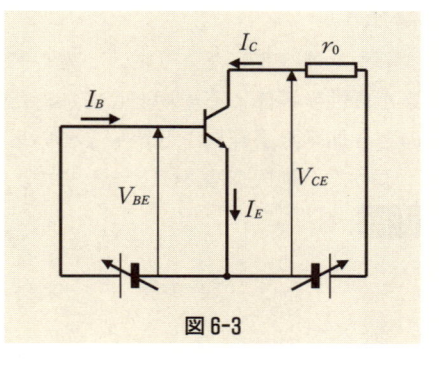

図6-3

そこで，コレクタ電流 I_C が，ベース電流 I_B の何倍に増幅されたかが，電流増幅率 β と定義されています。

式で表すと，次の式となります。

$$\beta = \frac{\Delta I_C}{\Delta I_B}$$

次に，図で r_0 を出力抵抗と言い，オームの法則から次式で計算されます。

$$r_0 = \frac{\Delta V_{CE}}{\Delta I_C}$$

ここで，Δ が使われている理由は，V_{CE} の全域に渡っては，r_0 が一定でないため，一定な範囲内に限定して計算している事を意味しています。

解法

与えられている特性図から，コレクタ・エミッタ間電圧 $V_{CE}=6$ [V]，ベース電流 $I_B=40\sim60$ [μA] の時コレクタ電流 $I_C=4\sim6$ [mA] ですから**増幅率** β の定義より

$$\beta = \frac{\Delta I_C}{\Delta I_B} = \frac{(4-6)\times 10^{-3}}{(40-60)\times 10^{-6}} = 100$$

また，ベース電流 $I_B=40$ [μA] の時の**出力抵抗** r_0 [Ω] は，**コレクタ・エミッタ間電圧** V_{CE} の直線部 $V_{CE}=2\sim10$ [V] で考えると

$$r_0 = \frac{10-2}{(4.4-3.6)\times 10^{-3}} = \frac{8}{0.8}\times 10^3 = 10{,}000 \quad [\Omega]$$

となります。

よって，選択肢は，(2)となります。

正解 (2)

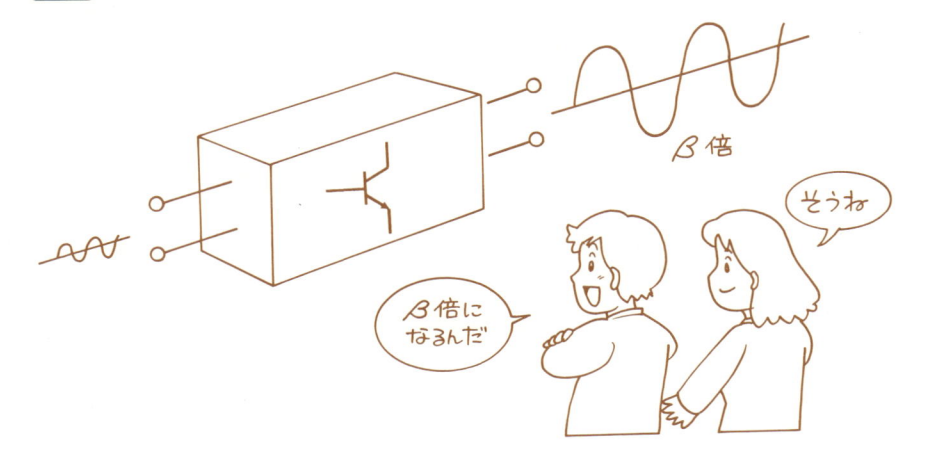

④. 演算増幅器

この節で学ぶ事は，演算増幅器です。演算増幅器は，理解すると便利な増幅器ですから，よく理解して下さい。

例題 演算増幅器に関する次の記述のうち，誤っているのはどれか。
(1) 反転入力端子及び非反転入力端子がある。
(2) 入力インピーダンスが極めて大きい。
(3) 出力インピーダンスが極めて大きい。
(4) 利得は極めて大きい。
(5) 直流からある程度高い周波数の交流まで使用できる。

重要項目

演算増幅器の特徴
- 差動増幅器です。
- 増幅度が，極めて大きいです。
- 入力インピーダンスが，極めて大きいです。
- 出力インピーダンスが，極めて小さいです。
- 増幅できる周波数は，直流から高周波数まで極めて広いです。

解説

演算増幅器は，別名が，**オペアンプ**，または，**差動増幅器**と呼ばれています。その名前が示すとおり，**差動入力**を増幅する増幅回路です。回路は，IC化され，入力の1端子は，**反転入力端子**(-)で，もう一端が，**非反転入力端子**(+)となっています。

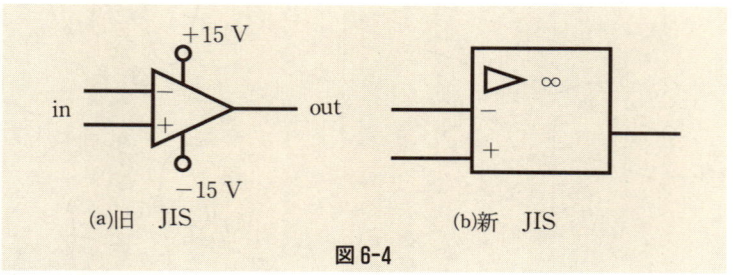

(a)旧 JIS　　　　(b)新 JIS
図6-4

回路図で書くと図6-4となります。

回路図で，inの+は，非反転入力端子で，inの-は，反転入力端子です。また，outは，出力端子です。+15Vおよび-15Vは，電源端子です。その他に，

ゼロ調整用の**オフセット端子**を書く場合もあります。

|解法|

　演算増幅器は，理想的な増幅器に近い増幅器と考える事ができます。
特徴として，
(1)　入力端子として反転入力端子と非反転入力端子を持っています。(正しい)
(2)　理想的な増幅器に近い増幅器であるため，入力インピーダンスは，極めて大きいです。(正しい)
(3)　逆に，出力インピーダンスは，理想的な増幅器に近い増幅器であるため，極めて小さいです。(間違い)
(4)　また，理想的な増幅器に近い増幅器であるため，利得は極めて大きいです。(正しい)
(5)　理想的な増幅器に近い増幅器であるため，広い周波数帯域において使用できます。特に，差動増幅器ですから，直流から増幅できます。(正しい)
以上から，(3)が，選択肢となります。

|正解|　(3)

第2編 電力

出題の傾向とその対策

電力は，説明問題が 80％ です。そのため，説明問題に対応した学習をする必要があります。説明問題に対応した学習方法とは，参考書を理解しながらよく読むことです。

よく出題される問題は

- 水力発電
  1. 水車の種類と適用
  2. 水力発電の出力
  3. 損失水頭
- 火力発電
  4. ボイラ・タービン・復水器
  5. 各種熱効率
  6. 熱サイクル
- 原子力発電
  7. 原子力発電所の構成材料
  8. 原子炉の種類
- 新発電
  9. 地熱・風力・太陽電池
- 発電機
  10. ガスタービン発電
  11. 発電機
- 変電設備
  12. 開閉設備
  13. 同期調相機
  14. 変圧器の運用
- 送電線路
  15. 異常電圧と絶縁協調
  16. 架空送電線路
  17. 地中送電線路
  18. 中性点接地方式
  19. 電圧降下と電力損失
- 配電線路
  20. 屋内配線
  21. 送電方式と送電容量
  22. 電圧降下と電力損失
- 電気材料
  23. 磁性材料
  24. 誘電体・絶縁材料

です。

第 1 章　水力発電

1. 水車の種類

この節で学ぶ事は，**ペルトン水車**の特徴です。ペルトン水車の特徴は，よく出題されるので，充分理解しましょう。

例題　発電用水車として一般に用いられているペルトン水車に関する次の記述のうち，正しいのはどれか。
(1) 反動水車に分類され，特に高落差，小水量の発電所に採用される。
(2) プロペラ水車の一種で，部分負荷特性を向上させるために可動羽根を採用したものである。
(3) 一般に低落差，大水量の発電所に採用される。
(4) 低落差から高落差の幅広い範囲で用いられ，揚水用のポンプ水車としても用いられる。
(5) 部分負荷でも効率が良く，一般に高落差の発電所に採用される。

■ 重要項目 ■

ペルトン水車の特徴
1) **衝動水車**　2) 高落差　3) 小水量　4) 高効率
5) 揚水用に使用できない　6) **バケット，ノズル，デフレクタ**を持つ

解説

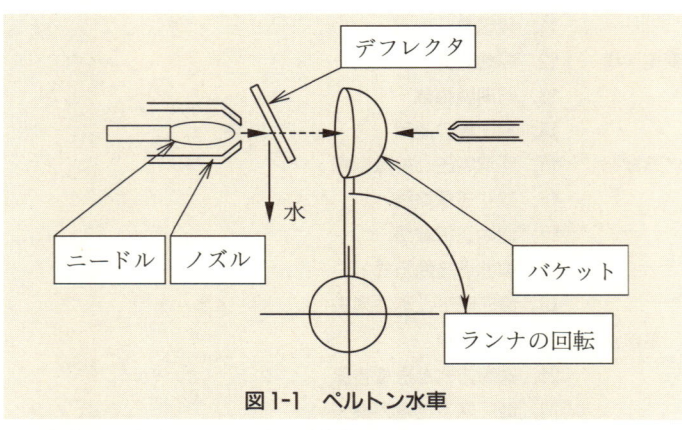

図1-1　ペルトン水車

ペルトン水車は，図1-1のような構成になっています。
ペルトン水車の運転は，ノズルから噴出した水をバケットにぶつけて，ランナを回転させます。水量の調整は，ノズルに取り付けてある**ニードル**の開度や

ノズルの数で行われます。そして，ランナを停止するときは，デフレクタを使い水の流れる方向を変える事で行います。
　以上から，次の特徴を推測する事が容易にできると思います。
　ペルトン水車の特徴
　1）衝動水車　2）高落差　3）小水量　4）高効率
　5）揚水用に使用できない　6）バケット，ノズル，デフレクタを持つ

解法
(1)　ペルトン水車は，ノズルから水を噴出させてランナ周辺に取り付けてあるバケットに水をぶつける形式（衝動水車）です。(間違い)
(2)　ペルトン水車は，プロペラを持っていないのでプロペラ水車ではありません。また，可動羽根も持っていません。(間違い)
(3)　ペルトン水車は，高落差に適しています。(間違い)
(4)　ペルトン水車は，低落差に適していません。また，揚水用のポンプ水車に利用できません。(間違い)
(5)　ペルトン水車は，部分負荷に対して，ノズルの数を少なくする事で，効率低下を防止する事ができます。また，高落差を得意とする水車です。(正しい)
　よって，選択肢は，(5)となります。

正解　(5)

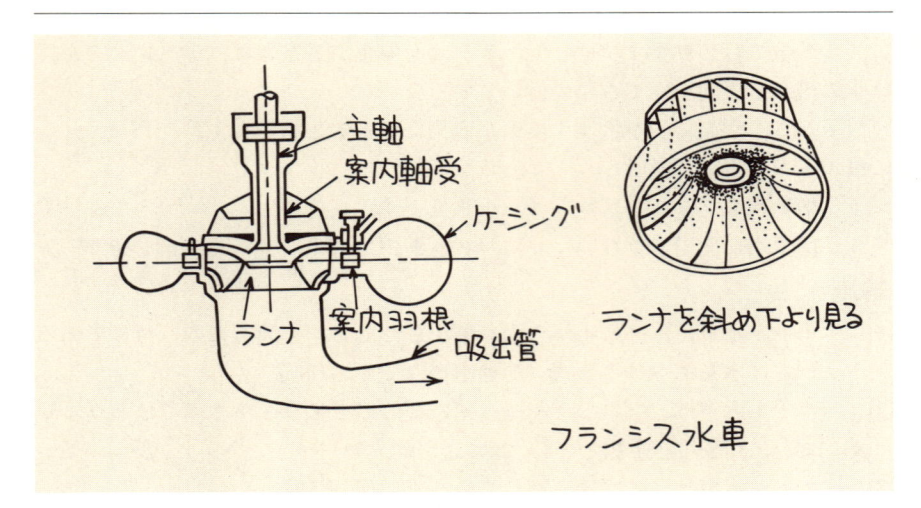

114　第2編　電　力

主軸
案内軸受
ケーシング
ランナ
案内羽根
吸出管

ランナを斜め下より見る

フランシス水車

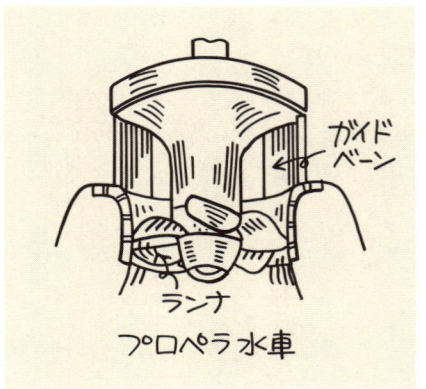

ガイドベーン
ランナ

プロペラ水車

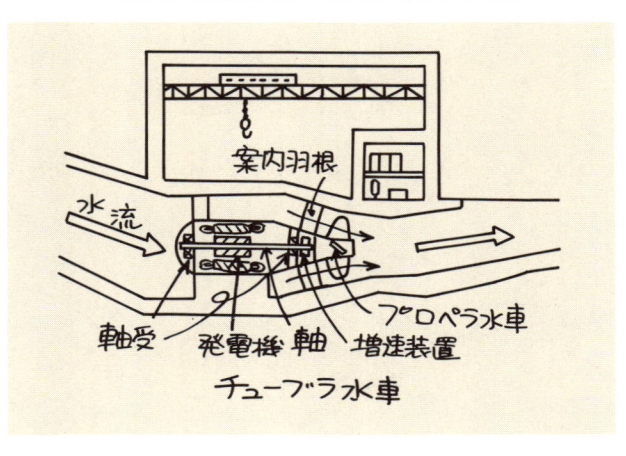

案内羽根
水流
軸受　発電機軸　増速装置　プロペラ水車

チューブラ水車

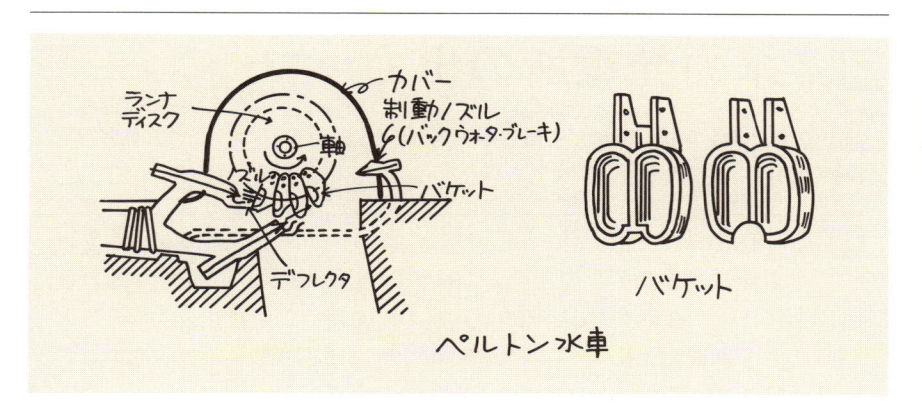

① 水車の種類 115

ペルトン水車

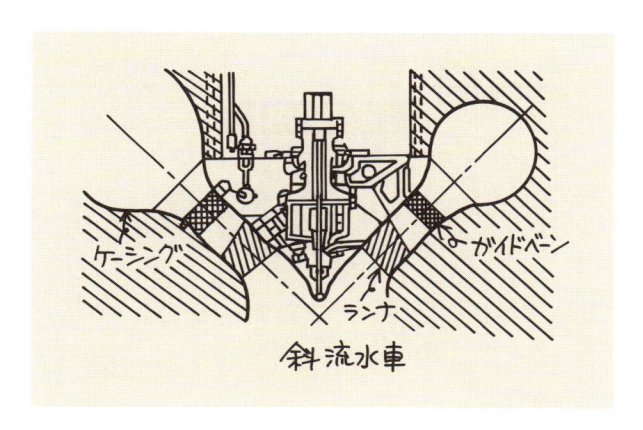

(ラベル: ランナディスク、軸、カバー、制動ノズル（バックウォータ・ブレーキ）、バケット、ニードル、デフレクタ)

バケット

斜流水車

(ラベル: ケーシング、ランナ、ガイドベーン)

水の流れ

ガイドベーン全開時

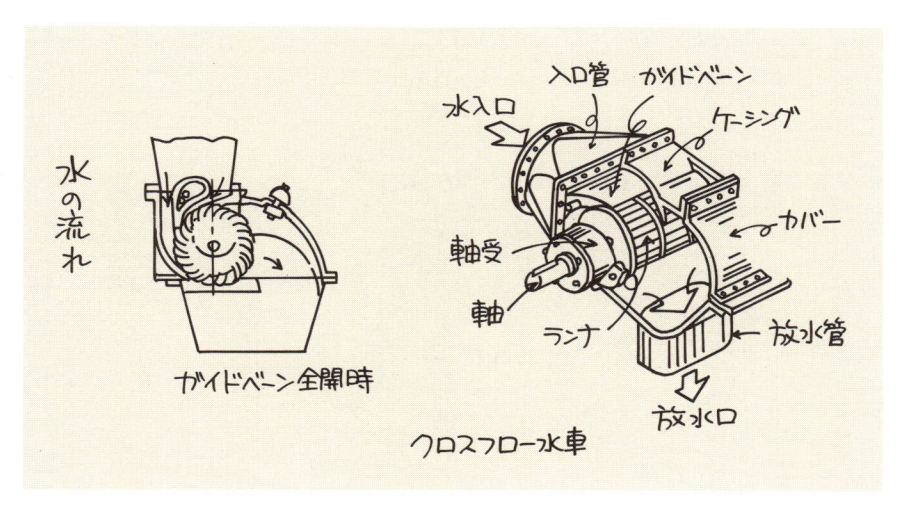

クロスフロー水車

(ラベル: 水入口、入口管、ガイドベーン、ケーシング、カバー、軸受、軸、ランナ、放水管、放水口)

第1章 水力発電

②. 水力発電所の出力

> この節で学ぶ事は，年間発生電力量 W [kW・h] の公式です。公式の導き方を含めて，しっかりと理解してください。

例題 流域面積 200 [km²]，年間降雨量 1,800 [mm] の地点に貯水池を有する水力発電所がある。流出係数 70 [%] とした場合の年間発生電力量 [MW・h] はいくらか。正しい値を次のうちから選べ。ただし，この発電所の有効落差は 120 [m]，発電総合効率は 85 [%] で不変とし，貯水池で無効放流及び河川維持のための放流はないものとする。

(1) 7.0×10^6 (2) 7.0×10^4 (3) 6.0×10^4
(4) 7.0 (5) 6.0

重要項目

$$P = 9.8 Q H \eta \quad [\text{kW}]$$

$$W = \frac{9.8 V H \eta}{3,600} \times 10^{-3} \quad [\text{MW} \cdot \text{h}]$$

解説

年間発生電力量 W [kW・h] は，発電電力を P [kW] とすると，

水力発電の公式

$$P = 9.8 Q H \eta \quad [\text{kW}]$$

から

$$W = 9.8 Q H \eta \times 365 \times 24 \quad [\text{kW} \cdot \text{h}]$$

また，流量 Q [m³/s] と年間の水量 V [m³] との関係は，

$$Q = \frac{V}{365 \times 24 \times 60 \times 60} \quad [\text{m}^3/\text{s}]$$

となるので，年間発生電力量 W [kW・h] は，

$$W = 9.8 \frac{V}{365 \times 24 \times 60 \times 60} H \eta \times 365 \times 24$$

$$= \frac{9.8 V H \eta}{3,600} \quad [\text{kW} \cdot \text{h}]$$

$$= \frac{9.8 V H \eta}{3,600} \times 10^{-3} \quad [\text{MW} \cdot \text{h}]$$

となります。

2. 水力発電所の出力

解法

問題を図で表すと，図1-2となります。

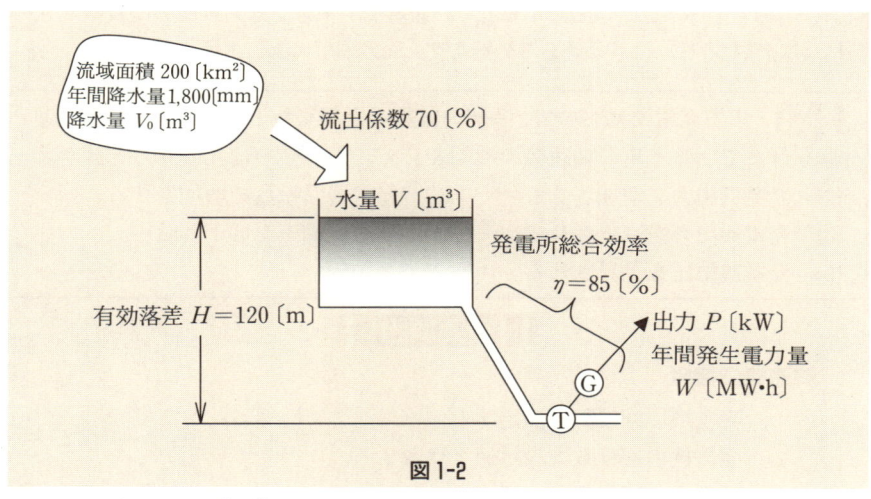

図1-2

（図中の記載）
- 流域面積 200 [km²]
- 年間降水量 1,800 [mm]
- 降水量 V_0 [m³]
- 流出係数 70 [％]
- 水量 V [m³]
- 有効落差 $H = 120$ [m]
- 発電所総合効率 $\eta = 85$ [％]
- 出力 P [kW]
- 年間発生電力量 W [MW·h]

まず，**降水量** V_0 [m²] を計算すると，

$V_0 = 200 \times 10^6 \times 1,800 \times 10^{-3}$

$\quad = 3.6 \times 10^8$ [m³/年]

次に発電に利用される水量 V [m²] を計算すると，

$V = 0.7 V_0 = 0.7 \times 3.6 \times 10^8$ [m³/年]

となります。

以上から，**年間発生電力量** W [MW·h] は

$W = \dfrac{9.8 \times (0.7 \times 3.6 \times 10^8) \times 120 \times 0.85}{3,600} \times 10^{-3}$

$\quad = 9.8 \times 0.7 \times 120 \times 0.85 \times 10^2$

$\quad \fallingdotseq 7.0 \times 10^4$ [MW·h]

となります。

よって，選択肢は，(2)となります。

正解 (2)

③. 調速機

この節で学ぶ事は，速度調定率です。速度調定率は，電力系統の周波数を 50 Hz（または 60 Hz）にする重要な機器です。充分理解しましょう。

例題 水力発電所において，系統周波数が上昇したとき，ガバナフリー運転を行っている水車の調速機の機能として，正しいのは次のうちどれか。
(1) 発電機出力を増加させる。　(2) 発電機回転数を増加させる。
(3) 発電機出力を減少させる。　(4) 発電機電圧を低下させる。
(5) 発電機電圧を上昇させる。

重要項目

調速機の機能
1. 発電機の回転数を測定する。
2. 発電機の回転数を設定値と比較する。
3. 発電機の回転数が，設定値より低い場合水車入力を増加する。
4. 発電機の回転数が，設定値より高い場合水車入力を減少する。

解説
ガバナとは，水車の回転速度を測定して，入出力を調整し，速度制御する装置です。**機械式ガバナ**と**電気式ガバナ**があります。
　さて，回転速度，発電出力と系統負荷の関係ですが，エネルギーの入出力関係を図で表すと，図 1-3 となります。図で，系統負荷は，負荷側が変化しない限り一定です。そのため，発電機出力が増加した場合発電機回転速度が上昇します。

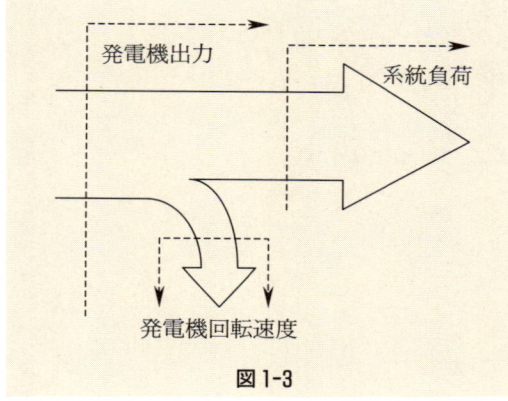

図 1-3

3. 調速機

解法

　系統周波数が，上昇するのは，発電機出力に比べて系統負荷が軽い為です。そのため，発電機出力の過剰分が水車の回転速度を上昇させ，系統周波数上昇となります。よって，発電機出力を減少させる事で系統周波数を下降させる事ができます。

　以上から，選択肢は，(3)となります。

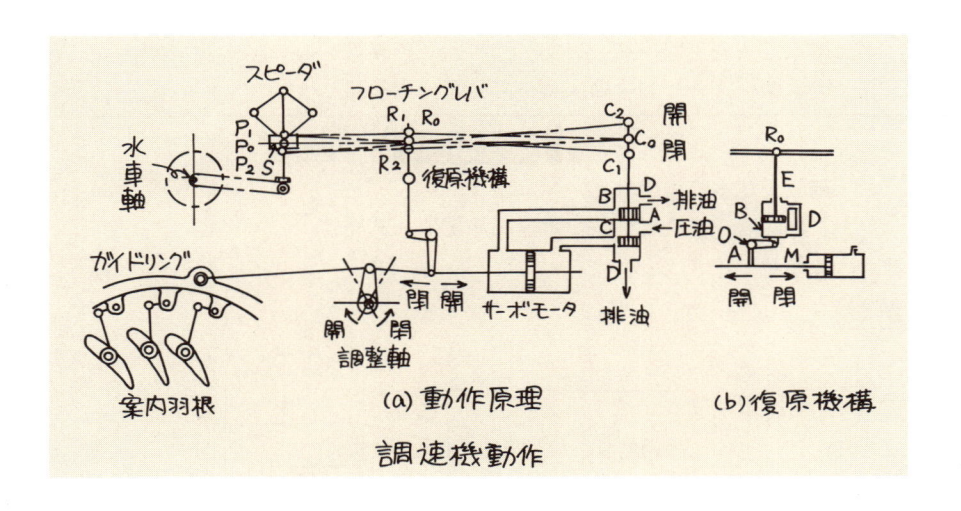

正解　(3)

調速機動作
(a) 動作原理　　(b) 復原機構

第2章　火力発電

1. 蒸気サイクル

この節で学ぶ事は，蒸気及び水の循環の順番が，**過熱器→タービン→復水器→節炭器→蒸発管**であることです。全体を理解するため，覚えて下さい。

例題　汽力発電所の蒸気及び水の循環の順序として，正しいのは次のうちどれか。
(1)　過熱器→タービン→復水器→節炭器→蒸発管
(2)　過熱器→節炭器→蒸発管→タービン→復水器
(3)　タービン→過熱器→節炭器→蒸発管→復水器
(4)　復水器→過熱器→タービン→節炭器→蒸発管
(5)　復水器→タービン→節炭器→蒸発管→過熱器

重要項目

蒸気及び水の循環は，
　　過熱器→タービン→復水器→節炭器→蒸発管
の順番

解説

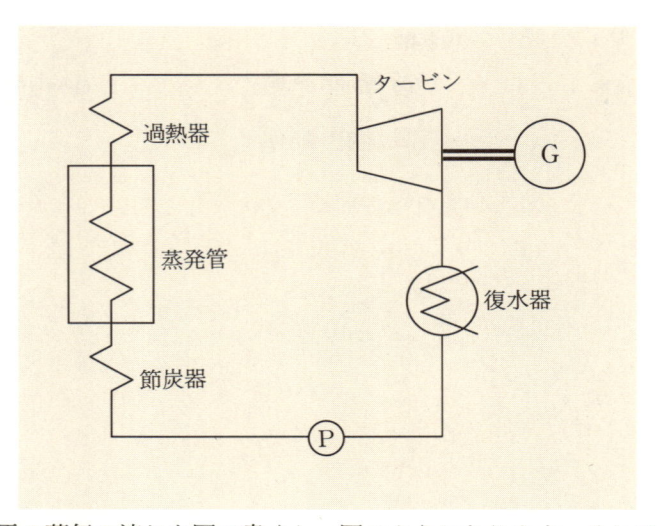

汽力発電の蒸気の流れを図で書くと，図のようになります。それでは，それぞれの役割を説明します。

1. **蒸発管**：水に戻った蒸気を再び蒸気にするための加熱装置です。
2. **過熱器**：過熱器は，蒸発管からでた蒸気を乾き蒸気にする為の加熱装置です。
3. **タービン**：タービンは，蒸気を膨張させながら，蒸気の熱エネルギーを取り出して，機械エネルギーに変換する装置です。
4. **復水器**：復水器は，タービンからでた蒸気を海水などで冷やす装置です。
5. **節炭器**：節炭器は，ボイラー排出ガスの熱を使ってボイラー給水を加熱しボイラー効率を向上させる装置です。
6. **蒸発管**：水に戻った蒸気を再び蒸気にするための加熱装置です。

以上から，各装置の設置目的が理解できれば，必然的に蒸気及び水の循環の順番は，1・2・3・4・5・6の順番である必要があります。

|解法|

解説にあるように，過熱器→タービン→復水器→節炭器→蒸発管が，蒸気及び水の循環の順番となります。

よって，選択肢は，(1)となります。

|正解| (1)

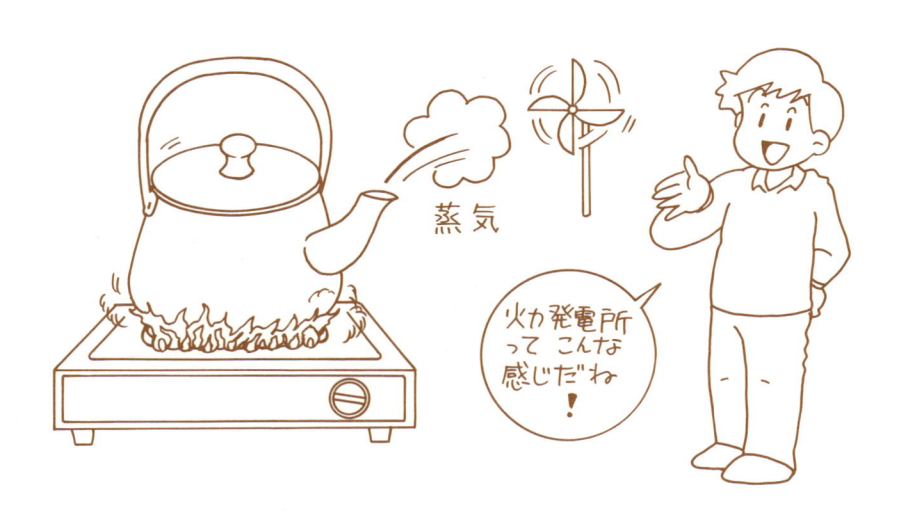

2. 熱効率向上策

この節で学ぶ事は，**汽力発電所**の効率向上についてです。効率向上策に，どのような方法があるかを学んでください。

例題 汽力発電において，熱効率の向上を図る方法として，誤っているのは次のうちどれか。
(1) 主蒸気温度を上げる。
(2) 再熱蒸気温度を上げる。
(3) 復水器真空度を高める。
(4) 主蒸気圧力を上げる。
(5) 排ガス温度を上げる。

重要項目

効率向上策
(1) 主蒸気温度を上げる。
(2) 再熱蒸気温度を上げる。
(3) 復水器真空度を高める。
(4) 主蒸気圧力を上げる。
(5) 排ガス温度を下げる。

解説
汽力発電所において，熱効率の向上を図る方法として，行われるのは，
1．**主蒸気温度**を上げる。
　蒸気を発生させるとき，水が蒸気になる温度までの加熱は，無駄な加熱です。この水をお湯にするまでの熱は，発電に寄与しませんので，無効な熱エネルギーとなります。全体の熱エネルギーに対する，無効な熱エネルギーの比率を小さくする為に，主蒸気の温度を上げて，熱効率の向上を図ります。
2．**再熱蒸気温度**を上げる。
　タービンから出た蒸気は，膨張と共に熱エネルギーを放出します。エネルギー放出で蒸気が湿り蒸気になると，再度乾き蒸気にする必要があります。湿り蒸気のままで，発電すると，タービンの効率が低下します。再熱温度を上げる事は，水を蒸気にする為の温度が不要となるのでその分だけ，効率上昇となります。

3．**復水器真空度**を高める。

　　復水器内の真空度が低い（圧力がある）とその圧力分だけ，エネルギーを無駄にする事になります。復水器の真空度を高める事は，タービンの入り口での高い圧力を使い切る事になるので，効率上昇となります。

4．**主蒸気圧力**を上げる。

　　汽力発電所は，「水→蒸気になる直前のお湯→蒸気→蒸気になる直前のお湯→水」の状態を繰り返します。そして，「蒸気→蒸気になる直前のお湯」，でエネルギーを取り出します。そのため，「水→蒸気になる直前のお湯」は，固定的な損失となります。この固定的な損失が全体に占める割合を小さくする為に，蒸気圧力を高くする事は，効率向上となります。

5．排ガス温度を下げる。

　　ボイラー内では，燃料の燃焼温度で水を高温蒸気にします。高温蒸気にしたあとの燃焼ガスは，大気に排出し捨てられます。そのため，大気に捨てられる燃焼ガス（排ガス）の持つ熱エネルギーは，極力回収されます。極力回収する事によって，排ガス温度は，低下し効率向上となります。

解法

　汽力発電所の効率向上は，燃料の持つエネルギーを使い切る事です。それに対して，選択肢(5)は，熱エネルギーを排ガス温度として，捨てる事になります。そのため，(5)が効率向上に反する事となります。

　よって，選択肢は，(5)となります。

正解　(5)

③. 熱効率

この節で学ぶ事は，単位：[W·s]と[J]が同じものである事。設備利用率[%]は，どのように使うか。そして，熱効率の計算です。

例題 最大出力5,000[kW]の自家用汽力発電所がある。発熱量44,000 [kJ/kg]の重油を使用して50日間連続運転した。この間の重油使用量は1,200[t]，設備利用率は60[%]であった。次の(a)及び(b)に答えよ。
(a) 発電電力量[MW·h]の値として，正しいのは次のうちどれか。
 (1) 1,200 (2) 1,800 (3) 2,160 (4) 3,600 (5) 6,000
(b) 発電端における熱効率[%]の値として，正しいのは次のうちどれか。
 (1) 24.5 (2) 26.5 (3) 28.5 (4) 30.5 (5) 32.5

重要項目

[W·s]＝[J]

熱効率 μ [%] ＝ $\dfrac{出力}{入力}\times 100$ [%]

解説

電力[W]に時間[s]をかけた値は，電力量[W·s]となります。また，その電力量は，1[W·s]＝1[J]という関係にあります。

この関係ですが，SI単位系に統一される前は，

$$1\,[\text{W·s}]=0.24\,[\text{cal}]\ (または，1\,[\text{W·s}]=\dfrac{1}{4.18}\,[\text{cal}])$$

という関係を使っていました。

次に，設備利用率ですが，これは，考えている時間内で，設備がどれだけ稼動しているかを示す数値です。例えば，24時間のうちで18時間設備が稼動していた場合は，

$$\eta=\dfrac{18}{24}\times 100=75\ [\%]$$

となります。

熱効率 μ は，一般の効率と同じように

$$\mu=\dfrac{出力}{入力}\times 100\ [\%]$$

となります。汽力発電所での入力は，ボイラー入力，つまり燃料が，どれだけ供給されたかで，出力は，どれだけ発電したかです。

3. 熱効率

解法

(a) 最大出力 $P=5,000$ [kW], 稼動時間 h [時間], **設備利用率** η [％] とすると, 発電電力量 W [MW・h] は,

$$W = P \times h \times \frac{\eta}{100}$$

$$= 5,000 \times 50 \times 24 \times \frac{60}{100}$$

$$= 3,600,000 \quad [\text{kW·h}]$$

$$= 3,600 \quad [\text{MW·h}]$$

となり答は(4)となります。

よって, 選択肢は, (4)となります。

(b) **熱効率** μ [％] は,

$$\mu = \frac{\text{出力}}{\text{入力}} \times 100 \quad [\％]$$

となります。

この問題において出力は, 発電電力量 [W・h] であるから, 単位を [kJ] にすると 3,600 [MW・h] = $3,600 \times 10^6$ [W・h] および, [W・h] を [W・s] にするため 60分×60秒 さらに [kJ] への換算として ÷1,000, よって

$$W = 3,600 \times 10^6 \times \frac{60 \times 60}{1,000} = 1.296 \times 10^{10} \quad [\text{kJ}]$$

また, 入力 θ_{in} [kJ] は, 燃料の発熱量を $H = 44,000$ [kJ/kg], 重油使用量を $M = 1,200$ [t] とすると

$$\theta_{in} = HM \times 1,000 = 44,000 \times 1,200 \times 1,000 = 5.28 \times 10^{10} \quad [\text{kJ}]$$

となります。

よって, 熱効率 μ [％] は,

$$\mu = \frac{W}{\theta_{in}} \times 100 = \frac{1.296 \times 10^{10}}{5.28 \times 10^{10}} \times 100 = 24.5 \quad [\％]$$

となります。

よって, 選択肢は, (1)となります。

正解 (a) (4)　　(b) (1)

4. 大気汚染防止

この節で学ぶ事は，大気汚染防止の重要な対策方法です。大切な事項なので，しっかりと覚えてください。

例題 石炭火力発電所で燃焼によって発生する大気汚染物質とその対策との組み合わせのうち，誤っているのは次のうちどれか。
(1) いおう酸化物―湿式排煙脱硫装置
(2) いおう酸化物―二段燃焼法
(3) 窒素酸化物―排煙脱硝装置
(4) 窒素酸化物―低 O_2 運転法
(5) ばいじん―電気集じん装置

|| 重要項目 ||

大気汚染防止の重要な対策方法
(1) いおう酸化物―湿式排煙脱硫装置
(2) 窒素酸化物―排煙脱硝装置
(3) 窒素酸化物―低 O_2 運転法
(4) ばいじん―電気集じん装置

解説

昭和40年代の高度成長期に，神奈川県で発生した公害問題(大気汚染)を発端に，全ての産業で，大気汚染防止が叫ばれています。電力産業においても，同様に大気汚染防止を必要としています。この問題に出てきた，次の対策は，大気汚染防止の重要な対策方法として記憶する必要があります。
(1) いおう酸化物―湿式排煙脱硫装置
(2) 窒素酸化物―排煙脱硝装置
(3) 窒素酸化物―低 O_2 運転法
(4) ばいじん―電気集じん装置

解法
(1) いおう酸化物を除去する装置に，湿式排煙脱硫装置があります。そのため，正しい組み合わせとなります。(正しい)
(2) 二段燃焼法は，燃焼効率を高める方法です。ですから，いおう酸化物を低減する事に寄与しません。そのため，誤った組み合わせとなります。(間違い)

(3) 窒素酸化物を除去する装置に，排煙脱硝装置があります。そのため，正しい組み合わせとなります。(正しい)
(4) 低 O_2 運転法は，燃焼温度を低くします。低い燃焼温度であれば，空気中の窒素により発生する，窒素酸化物が，減少します。そのため，正しい組み合わせとなります。(正しい)
(5) 電気集じん装置は，極めて高効率のばいじん除去装置です。そのため，正しい組み合わせとなります。(正しい)

よって，選択肢は，(2)となります。

正解 (2)

5. ガスタービン発電

この節で学ぶ事は，ガスタービンの高効率化です。高効率にする為には，どのような技術が必要で，なぜ必要かを理解してください。

例題 発電用ガスタービンの高効率化にあたっては，燃焼温度の ㋐ 及び空気圧縮機の圧力比の ㋑ を図らねばならず，特に ㋒ 技術の改善及び ㋓ 材料の開発が必要となる。

上記の記述中の空白箇所㋐，㋑，㋒及び㋓に記入する字句として，正しいものを組み合わせたのは次のうちどれか。

	㋐	㋑	㋒	㋓
(1)	上昇	増加	冷却	耐熱
(2)	上昇	減少	冷却	超伝導
(3)	上昇	増加	制御	超伝導
(4)	低下	減少	冷却	耐熱
(5)	低下	減少	制御	超伝導

重要項目

発電用ガスタービンの高効率化は，高温度で高圧力ガスの生成により実現する。

解説

まず，発電用ガスタービンがどのように発電するかを考えます。
(1) 発電用ガスタービンは，燃焼用の空気を圧縮機で圧縮します。
(2) 圧縮された空気は，燃焼室で燃料と混合されて燃焼します。
(3) 燃焼によって空気は，高温度で高圧力のガスとなります。
(4) 高温高圧のガスは，タービン室で大気圧になるまで膨張させます。

以上から(4)で膨張の時のエネルギーが，タービンを回転させるエネルギーとなります。よって発電用ガスタービンの高効率化は，高圧力のガスを効率よく発生させる事である事が理解できると思います。しかし，高温高圧のガスは，タービンその他構造材料の強度を著しく低下させます。そのため，高温高圧ガスに耐える材料の開発や冷却技術が重要となります。

解法

発電用ガスタービンは，燃料を高温度に燃焼させます。その時，燃焼ガスは，

5. ガスタービン発電

高温度によって高温の圧縮ガスとなります。この高温圧縮ガスをタービン内で自由に膨張させ，その時の膨張するエネルギーで，タービンを回転させます。圧縮ガスは，燃焼温度に比例して，高い圧力となります。そのため，発電用ガスタービンの高効率化にあたっては，燃焼温度の 上昇 及び空気圧縮機の圧力比の 増加 を図らねばならず，特に 冷却 技術の改善及び 耐熱 材料の開発が必要となります。

正解 (1)

第 3 章　原子力発電

①. 原子炉の構成（軽水炉）

> この節で学ぶ事は，原子炉の冷却材の流れです。**加圧水形**と**沸騰水形**の違いについて理解してください。

例題　実用化されている一般的な加圧水形原子炉における原子炉の水（冷却材）の流れとして，正しいのは次のうちどれか。
(1) 原子炉圧力容器→タービン→復水器→給水ポンプ→原子炉圧力容器
(2) 原子炉圧力容器→タービン→復水器→一次冷却材ポンプ→原子炉圧力容器
(3) 原子炉圧力容器→蒸気発生器→一次冷却材ポンプ→原子炉圧力容器
(4) 原子炉圧力容器→蒸気発生器→タービン→復水器→給水ポンプ→原子炉圧力容器
(5) 原子炉圧力容器→一次冷却材ポンプ→蒸気発生器→原子炉圧力容器

▌▌重要項目▌▌

・加圧水形原子炉における原子炉の水（冷却材）の流れ
　　原子炉圧力容器→蒸気発生器→**一次冷却材ポンプ→原子炉圧力容器**
・沸騰水形原子炉における原子炉の水（冷却材）の流れ
　　原子炉圧力容器→タービン→復水器→給水ポンプ→原子炉圧力容器

解説

　原子炉には，加圧水形と沸騰水形があります。違いは，一次冷却材を沸騰させないで使うか，沸騰させて使うかの違いです。

　沸騰させない場合は，原子炉圧力容器が常に冷却材で満たされているので，核燃料が冷却材から露出しない為安全です。ですが，その代わりに，タービンに送る蒸気として二次冷却材を必要とします。この二次冷却材を蒸気にするのが蒸気発生器です。そして，蒸気発生器で，一次冷却材から二次冷却材に熱交換し，低温となった一次冷却材を一次冷却材ポンプで原子炉圧力容器に強制循環させます。

　沸騰させる場合は，蒸気をそのままタービンに流します。その代わり常にタービンは，核燃料に触れた冷却材と接している事になります。あとの冷却材の流れは，普通の汽力発電と同じです。

1. 原子炉の構成（軽水炉）

解法

　加圧水形原子炉における原子炉の水（冷却材）は，タービンを流れる事がありません。そのため，選択肢で(3)または，(5)のうちでどちらかが正解となります。(3)と(5)で違いを見ますと，原子炉圧力容器から出た高温度の冷却材が，蒸気発生器と一次冷却材ポンプのどちらに先に流れるかという違いです。そこで，各装置の役割を考えると，

　　・**蒸気発生器**：高温度になった冷却材を使って，二次冷却材を加熱しタービン駆動用の蒸気を発生させます。
　　・**一次冷却材ポンプ**：一次冷却材を強制的に循環し原子炉圧力容器から熱を取り出します（原子炉圧力容器を冷却します）。

となります。

　以上から，まず原子炉圧力容器から出た高温度の冷却材で，**二次冷却材**を加熱しタービン駆動用の蒸気を発生させます。次に温度の下がった**一次冷却材**を一次冷却材ポンプで強制的に循環させるのが正解であると，理解できます。

　よって，選択肢は，(3)となります。

正解　(3)

第3章　原子力発電

2. BWR(沸騰水形)とPWR(加圧水形)の比較

> この節で学ぶ事は、**原子炉の特徴**についてです。特にBWR(沸騰水形)とPWR(加圧水形)は、重要です。しっかり覚えてください。

例題 我が国で運転している原子力発電所で採用されている原子炉は、主として沸騰水形(BWR)及び加圧水形(PWR)の2種類であるが、この二つの形の構成上の相違点は、☐である。
(1) 冷却材の違い　　(2) 減速材の違い　　(3) 制御棒の有無
(4) 蒸気発生器の有無　　(5) 給水加熱器の有無

■重要項目■
表3-1　各原子炉の特徴

	加圧水形	沸騰水形	ガス冷却形	高速増殖炉
核燃料	濃縮ウラン	濃縮ウラン	天然ウラン	濃縮ウラン、またはプルトニウム
減速材	軽水	軽水	黒鉛	なし
冷却材	軽水	軽水	炭酸ガス	液体ナトリウム、またはヘリウムガス
制御材	カドミウム合金ホウ素	カドミウム合金	ホウ素鋼	炭化ホウ素
特徴	蒸気発生器で一次冷却水と二次冷却水を分離しタービンには、核燃料に触れた冷却材が流れないようにしている	原子炉で蒸気を発生させて、タービンに蒸気を流す為、蒸気発生器を必要としない	日本の最初に稼動した原子炉であるが1基のみである	U^{238}を燃料として原子炉内でPu^{239}を作り出し、炉内で消費される以上の核分裂物質ができる

解説

原子力発電所の種類には、次のような物があります。
1) 熱中性子炉
　　・加圧水形原子力発電所(PWR)
　　・沸騰水形原子力発電所(BWR)
　　・ガス冷却形原子力発電所(**GCR**)
2) 高速中性子炉
　　・高速増殖炉(**FBR**)

この中で、加圧水形原子力発電所(PWR)と沸騰水形原子力発電所(BWR)は、冷却材に軽水炉を使っている為、軽水炉とも呼ばれています。

❷. BWR（沸騰水形）と PWR（加圧水形）の比較

各原子炉について特徴を比較してみますと，表3-1のようになります。

さて，現在の原子炉は，加圧水形原子力発電所（PWR）と沸騰水形原子力発電所（BWR）が主流となっていますので，構成図を示しますと下図となります。

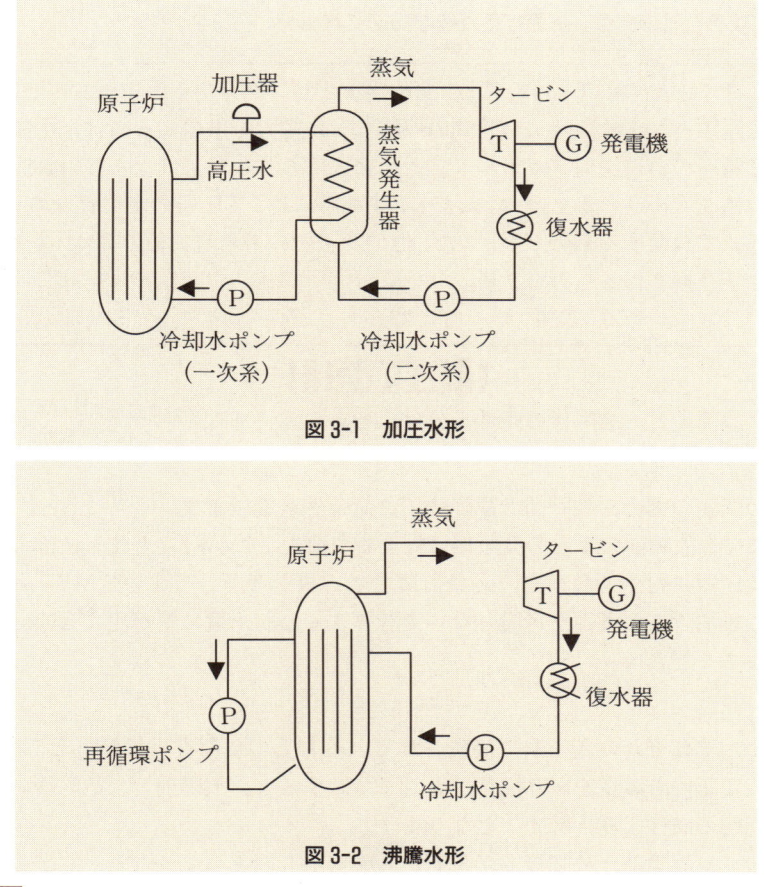

図 3-1　加圧水形

図 3-2　沸騰水形

解法

表または，図から**蒸気発生器**が差異となります。

よって，選択肢は，(4)となります。

正解　(4)

第 4 章　変電設備

①. 変圧器の結線

> この節で学ぶ事は，故障したときの回路条件が変化する計算です。回路条件が変化するとどのように計算するかを学んでください。

> **例題**　定格容量 20 [MV·A] の変圧器を 2 バンク有する配電用変電所で，変圧器 1 バンク故障時に長時間の停電なしに電力を供給するには，平常時の変電所の負荷を何メガボルトアンペア以下としなければならないか。正しい値を次のうちから選べ。ただし，事故時には，変圧器の定格容量の 110 [%] まで負荷するものとし，また，他の変電所に平常時負荷の 20 [%] を直ちに切り換え得るものとする。
> (1) 22.0　　(2) 25.0　　(3) 27.5　　(4) 30.5　　(5) 32.0

重要項目

故障前と，故障後の条件を分けて考える。

解説

この問題の場合，故障前と故障後で負荷条件が違います。

そこで，故障前の 1 台の変圧器に対する負荷を p [MW] として，故障後の 1 台の変圧器に対する負荷を，過負荷にできる量を考慮して $1.1P$ [MW] として計算します。この条件を考慮しないで計算すると，永遠に答が出ません。充分注意してください。

解法

まず，それぞれの変圧器に接続されているもとの負荷を p [MW] とします。次に，変圧器の容量を，P [MW] とします。すると，故障前と，故障後の負荷は，問題の条件より，図 4-1 となります。

よって，故障前と故障後で，負荷が，脱落(停止)しないので

$$p + p = 1.1P + 0.2(p + p)$$

この式を負荷 p [MW] について解くと

$$2p = 1.1P + 0.4p$$
$$1.6p = 1.1P$$
$$p = \frac{1.1}{1.6}P$$

さて，故障前の合計負荷は，$p + p = 2p$ [MW] ですから，

1. 変圧器の結線

$$2p = 2 \cdot \frac{1.1}{1.6} \cdot P$$

$P = 20\,[\mathrm{MW}]$ を代入して，$2p$ を計算すると

$$2p = 2 \times \frac{1.1}{1.6} \times 20 = 27.5 \quad [\mathrm{MW}]$$

となります。

よって，選択肢は，(3)となります。

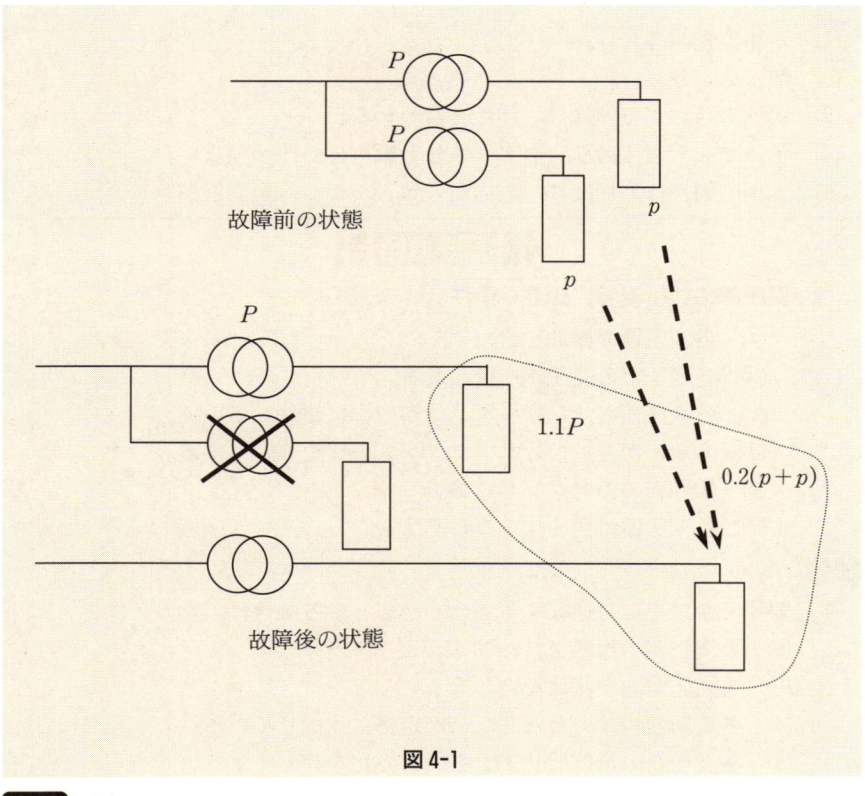

図4-1

正解 (3)

②. 変圧器並列運転時の負荷分担

この節で学ぶ事は，変圧器の並行運転に必要な条件です。実務でもよく使う事柄ですので，充分理解してください。

例題 変圧器を2台以上並行運転する場合，必要としない条件は，次のうちどれか。
(1) 定格容量が等しい。
(2) 変圧比が等しい。
(3) 並列に結線する際には，極性を合わせる。
(4) インピーダンスのリアクタンス分と抵抗分の比が等しい。
(5) 三相の場合は，相回転の方向が一致し，かつ，角変位が等しい。

重要項目

変圧器の並行運転に必要な条件
(a) 各変圧器の極性を合わせる。
(b) 各変圧器の変圧比を合わせる。
(c) 各変圧器のインピーダンスが定格に比例している。
(d) 各変圧器の抵抗とリアクタンスの比を等しくする。
(e) 相回転の方向が等しい事。
(f) 各変圧器の角変位を等しくする。

解説

変圧器を2台以上並行運転する場合，必要とする条件は，次の条件です。
(a) 各変圧器の極性を合わせる。
(b) 各変圧器の変圧比を合わせる。
(c) 各変圧器のインピーダンスが定格に比例している。
(d) 各変圧器の抵抗とリアクタンスの比を等しくする。
(e) 相回転の方向が等しい事。
(f) 各変圧器の角変位を等しくする。

では，それぞれの条件について解説します。
(a) 各変圧器の極性を合わせる。
　　これは，2台以上の変圧器を短絡しないように接続するという事です。
(b) 各変圧器の変圧比を合わせる。
　　これは，変圧器の二次側電圧を同じにするという事です。たとえば，一次

②. 変圧器並列運転時の負荷分担

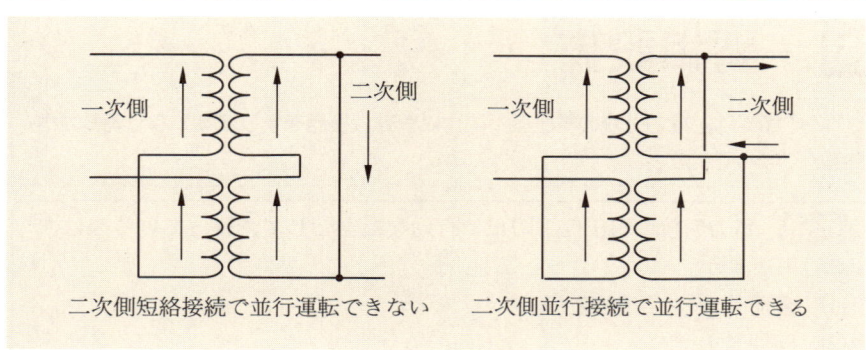

二次側短絡接続で並行運転できない　　二次側並行接続で並行運転できる

側：二次側＝400V：200Vの変圧器と一次側：二次側＝400V：100Vの変圧器では，二次側で200V−100V＝100Vの電圧が，短絡電圧となってしまいます。

(c) 各変圧器のインピーダンスが定格に比例している。

この条件は，必須条件ではありません。ですが，この条件がないと，変圧器の容量に応じた負荷分担ができず，効率の悪い並行運転になります。すなわち，各変圧器の負荷分担は，インピーダンスの逆数に比例した負荷分担になるからです。

(d) 各変圧器の抵抗とリアクタンスの比を等しくする。

この条件も必須の条件ではありません。ですが，この条件がないと，効率の悪い（損失の大きい）並行運転となります。抵抗を r，リアクタンスを x として，各変圧器の r/x が等しくないと，各変圧器の電流に位相差を生じ，損失が増える為です。

(e) 相回転の方向が等しい事。

この条件は，単相変圧器以外の変圧器に適用します。例えば，三相変圧器で，相回転が U → V → W の変圧器と U → W → V の変圧器では，V相とW相で短絡します。そのため，相回転を合わせる必要があります。

(f) 各変圧器の角変位を等しくする。

この条件も，単相変圧器以外の変圧器に適用します。例えば，三相変圧器で，Δ-Δ 結線の変圧器は，一次側と二次側で位相変位がありませんが，Δ-Y 結線の場合，一次側と二次側で位相変位が30度あります。その30度の位相変位で短絡電流が流れますので並行運転できません。

解法

解説から，「定格容量が等しい」ことは，並行運転に必要な条件ではありません。よって，選択肢は，(1)となります。

正解　(1)

③. 調相設備

> この節では，電力系統の電圧低下防止に有効な機器を学びます。なぜ有効かも含めて学んでください。

例題　電力系統の電圧低下防止に有効な機器として，誤っているのは次のうちどれか。
(1)　負荷時タップ切換変圧器
(2)　同期発電機
(3)　同期調相機
(4)　分路リアクトル
(5)　電力用コンデンサ

■重要項目■

電圧低下防止対策は，
　　1．送り側の電圧を高くする
　　2．無効電流を減らして，電圧降下を抑制する
の2種類がある。

解説

電圧降下対策には，2種類の方法があります。一つは，送電電圧そのものを数パーセント高くする方法です。もう一つは，電圧降下になる原因をなくす方法です。

1．送電電圧を高くする方法

　送電電圧を高くする方法が，負荷時タップ切換変圧器を設置する方法です。この方法によれば，電圧降下分をあらかじめ予想して，その分だけ高い電圧で送電するので，一番簡単な考え方といえます。

2．電圧降下になる原因をなくす方法

　この方法としては，無効電流を減らす方法があります（負荷は，一般的にインダクタンス成分を含み遅れの無効電流を流します）。

　この方法は，送電線内で，電流が流れるとオームの法則による電圧降下を起こすのを軽減する方法です。この方法は，「1．送電電圧を高くする方法」よりも，合理的な方法といえます。なぜ合理的かと言いますと，負荷で，有効に使われない無効電流を減らすからです。この無効電流は，負荷で有効に使われないにもかかわらず，発電容量として，確保する必要があり，発電装

3. 調相設備

置を高価にします。また，送電線内で電力損失も発生します。そのため，無効電流は，極力少なくする方が，効率的な電力供給ともなります。

では，無効電流を減らすにはどのような方法があるかと言いますと，発電機側での対策として，「同期発電機」を使う方法があります。同期発電機を使うと，励磁電流を調整する事によって，発生電流の無効分を遅れにも進みにも調整できるからです。

また，負荷側での対策として，「同期調相機」や「電力用コンデンサ」の設置があります。これは，負荷側で流れている遅れ無効電流をうち消すだけの進み無効電流を流す事で，無効電流を減らす方法です。

以上により，
- 負荷時タップ切換変圧器
- 同期発電機
- 同期調相機
- 電力用コンデンサ

のいずれかで，電力系統の電圧低下防止を行う事ができます。

解法

解説であるように(1)〜(3)，(5)は，電力系統の電圧低下防止に有効な機器です。ですが，分路リアクトルの活用は，有効ではありませんので，(4)が選択肢となります。

正解 (4)

第 5 章　送配電線路

①. 中性点接地方式

この節で学ぶ事は，**非接地方式**の長所と短所です。他の接地方式に比べて，どのような特徴があるか，充分理解してください。

> **例題**　非接地方式の電線路に1線地絡が発生した場合の現象として，誤っているのは次のうちどれか。
> (1) 地絡電流は直接接地方式に比べ小さい。
> (2) 健全相の電位が上昇する。
> (3) 通信線の誘導障害は，抵抗接地方式に比べ大きい。
> (4) 電線路のこう長が長いほど地絡電流は大きい。
> (5) 間欠アークが発生し，異常電圧を発生するおそれがある。

■重要項目■

中性点接地の目的は，
1. 異常電圧の抑制
2. 確実に継電器を動作させる
3. 地絡電流の抑制

また，接地方法は，
1. 非接地
2. 抵抗接地
3. 消弧リアクトル接地方式
4. 直接接地

がある。

解説

送電線の中性点接地をする目的は，
1) 地絡発生時の健全相の電位上昇を抑え，電線路および機器の絶縁レベルを軽減する。
2) 地絡発生時に中性点に流れる電流と電位によって，保護継電器の動作を確実にする。
3) 消弧リアクトルでは，1線地絡時の地絡電流を速やかに消滅させて，運転を継続する。

中性点接地方式には，次の方式があります。
　　a) 非接地方式
　　b) **抵抗接地方式**（高抵抗接地方式・低抵抗接地方式）
　　c) 消弧リアクトル接地方式
　　d) **直接接地方式**

それではそれぞれの特徴を見てみましょう。

a) 非接地方式

1. 中性点接地方式

　　この方式は，送電距離が短い配電線で使われる，接地をしない方式です。接地をしない為，一線地絡が起こっても，地絡電流があまり流れません。そのため，雷などの一時的な地絡は，系統へ与える影響も少ないものとなります。また，地絡電流が，小さい為，誘導障害も小さいものとなります。

　　しかし，送電距離が長いと，対地充電電流が大きくなり，不具合を発生します。対地充電電流は，送電電圧と90度位相差があります。充電電流が，0[A]の時に送電電圧が最大となります。そのため，アーク消滅時に最大電圧が，残留電荷として線路に残ります。そして，次の1/2サイクル後に反対極性の電圧が印加されますので，故障点に2倍の電圧が印加されます。そして，絶縁が回復していないときは，再び**フラッシオーバ**となりこれを繰り返す事によって，**間欠アーク**となります。これを繰り返すと高周波を伴った，異常電圧が，発生します。

　　また，地絡したときに中性点を接地していない為，接地点をゼロ電位として，中性点に電位が発生し他の健全相の電位が高電圧となります。さらに，地絡電流が小さいため，継電器動作が小勢力となり確実な動作に不安を残すものとなります。

b）抵抗接地方式（高抵抗接地方式・低抵抗接地方式）

　　この接地方式は，非接地方式と直接接地方式の中間をねらった方式です。すなわち，非接地方式の欠点である健全相の電位上昇や，継電器動作の不動作となるのを防止することをねらったものです。また，直接接地方式にある大きな地絡電流による誘導障害を抑制することも考えた抵抗値とします。

c）消弧リアクトル接地方式

　　この接地方式は，非接地方式の場合，地絡電流が送電線の充電電流のため進み電流であることに着目した方式です。その進み電流をリアクトルの遅れ電流でうち消すことによって，地絡電流をほぼ0[A]にするものです。

d）直接接地方式

　　この接地方式は，地絡事故が発生しても接地点を0[V]電位とすることによって，異常電圧を抑制するものです。この接地の場合は，地絡事故があった時でも送電端端子の電位上昇を抑えることができます。また，中性点が常に0[V]電位ですから，中性点の絶縁階級を低くでき経済的でもあります。おもに220kVなど，高い電圧の送電系統で利用されています。

|解法|

以上の説明から，選択肢は，(3)となります。

|正解|　(3)

第5章　送配電線路

②. 雷害対策

> この節で学ぶ事は，**架空地線**についてです。架空地線は，架空電線の雷対策として多く用いられている方法です。

例題 送電線路に発生する雷過電圧についての記述のうち，誤っているのはどれか。
(1) 雷過電圧は，送電線に発生する過電圧の中で最も大きい。
(2) 架空地線は，雷の架空電線への直撃を防止するために，架空電線を遮へいするものである。
(3) 雷過電圧には，直撃雷によるものの外に，架空地線や鉄塔へ雷撃したものが更に電線へ逆フラッシオーバするものがある。
(4) 埋設地線は，鉄塔の接地抵抗を低減し，鉄塔や架空地線から電線への逆フラッシオーバを防止する。
(5) 避雷器は，架空電線への雷の直撃を防止する。

重要項目

架空地線：直撃雷と誘導雷から送電線を保護する。
埋設地線：接地抵抗を下げることで，逆フラッシオーバを防止する。
避雷器　：侵入した過電圧を大地へ放電することで電気設備を保護する。

解説

　雷過電圧は，送電系統にとって一番過酷な電圧となります。そして，送電系統が，架空で行われている以上，雷対策は，避けて通れないものとなっています。現在の，雷対策は，絶縁レベルをあげると言うよりも，落雷があっても問題のない所に雷を誘導するという方法に主眼を置いています。と言いますのは，雷過電圧が，送電系統に加わる過電圧の中で，一番大きな電圧であるため，絶縁によって送電系統を保護できないからです。

　送電系統の保護として一番多く用いられているのが，架空地線です。架空地線は，架空電線の上部に施設され，鉄塔を介して接地されています。そして，落雷は，上空より大地に向かって放電するのですが，その時，架空地線があると，架空地線に向かって落雷しようとします。よって，架空電線は，上部にある架空地線で直撃雷から保護されるのです。また，遮へい効果によって，誘導雷からも架空電線を保護します。しかし，架空地線の接地抵抗が大きかった場合，雷電流によって電位上昇した電圧が，架空地線から架空電線に逆流する現

❷. 雷害対策

象を起こします。これを，逆フラッシオーバと言います。逆フラッシオーバを防ぐため，接地抵抗を下げる目的で埋設地線を行います。

さて，以上の方法でも，雷過電圧が送電系統に侵入した場合に，変圧器や遮断器などを保護する方法を考える必要があります。この方法として，行われているのが，避雷器による方法です。**避雷器**は，**雷過電圧**が，送電系統に侵入した時，決められた電圧以下になるように放電をします。放電をすることによって，雷過電圧から電気設備を保護するのです。

解法

(1) 日本の送電線で使用されている電圧は，1 000 kV が最高電圧です。その架空電線より，遙か上空から空気絶縁を破壊して到達する雷は，極めて高い電圧です。また，直撃雷で架空電線に侵入する雷過電圧もまた，送電系統で発生する過電圧の中で一番高い過電圧となります。(正しい)

(2) 架空地線は，架空電線の上部に施設されます。上部に施設されて，ある範囲(遮へい角)内にある電気工作物に直撃雷の及ぶのを防止しています。(正しい)

(3) **架空地線**や鉄塔に**直撃雷**があると，**雷電流**は，大地へ流れます。鉄塔は，雷電流に対してインピーダンスを持っているので，直撃雷の部分で，電位上昇となります。この電位上昇が高いと，**架空電線**に雷電流が流れ込む現象，逆フラッシオーバを引き起こします。(正しい)

(4) 埋設地線は，鉄塔の接地抵抗を低減するために施設されます。接地抵抗が低くなると，雷電流による鉄塔の電位上昇が低減されて，逆フラッシオーバを抑制することができます。(正しい)

(5) 架空電線に雷が侵入した場合，架空電線を伝搬経路として，高電圧が伝搬します。避雷器は，その侵入してきた雷から，発電所，変電所，需要家などの電気工作物を雷から保護するため，電気工作物の近くに設置されます。(間違い)

以上から，選択肢は，(5)となります。

正解 (5)

③. 誘導障害防止

> この節で学ぶことは、送電線の静電誘導と電磁誘導です。誘導の防止対策は、比較的よく出題されるので、充分理解してください。

例題1 架空送電線の静電誘導障害に関する次の記述のうち、誤っているのはどれか。
(1) 一般に、送電線の地上高が高いほど静電誘導障害は発生しにくい。
(2) フェンスの設置によって静電誘導障害を軽減することができる。
(3) 抵抗接地方式を採用することにより、静電誘導障害を軽減できる。
(4) 静電誘導障害は、各相の対地電圧により発生する。
(5) 三相式送電線では、各相の対地静電容量の差が大きいと障害が発生しやすい。

■重要項目■

静電誘導は、$E_s = \dfrac{C_a E_a + C_b E_b + C_c E_c}{C_a + C_b + C_c + C_s}$ [V] で計算できる。

解説

$$E_s = \dfrac{C_a E_a + C_b E_b + C_c E_c}{C_a + C_b + C_c + C_s} \text{ [V]}$$

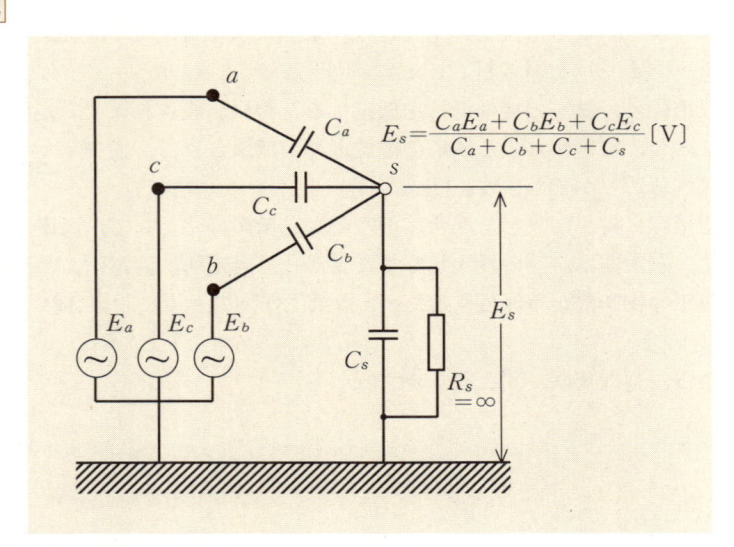

静電誘導の発生を、回路図で示すと上図となる。

すなわち、静電誘導電圧 E_s は、送電線 abc 相と静電誘導を受ける通信線 s との静電容量 C_a, C_b, C_c と通信線 s の**対地静電容量** C_s および各相の対地電圧

③. 誘導障害防止

E_a, E_b, E_c で決まります。

以上から，静電誘導障害を軽減する方法は，$E_s = \dfrac{C_a E_a + C_b E_b + C_c E_c}{C_a + C_b + C_c + C_s}$ [V] の式で分母を大きくし，分子を小さくすることになります。

解法

(1) 送電線の地上高を高くすることは，送電線 abc 相からの静電誘導の式 E_s で $C_a E_a + C_b E_b + C_c E_c$ を小さくすることになります。(正しい)

(2) フェンスを設置することは，通信線を静電遮へいすることになり，やはり静電誘導の式 E_s で $C_a E_a + C_b E_b + C_c E_c$ を小さくすることになります。(正しい)

(3) 抵抗接地方式を採用することは，直接接地方式に較べ地絡電流を抑え，電磁誘導による障害を軽減することになりますが，静電誘導障害は，軽減しません。(間違い)

(4) 各相の対地電位は，E_a, E_b, E_c で E_s の $C_a E_a + C_b E_b + C_c E_c$ を説明しています。(正しい)

(5) 対地静電容量 C_a, C_b, C_c が等しいと $C_a E_a + C_b E_b + C_c E_c = E_a + E_b + E_c = 0$ となります。(正しい)

以上より選択肢は，(3)となります。

正解 (3)

> **例題2** 架空送電線と架空弱電流電線とが接近して設置されている場合，架空弱電流電線に生じる電磁誘導障害の防止対策として，誤っているのは次のうちどれか。
> (1) 電力線と架空弱電流電線の離隔距離を大きくする。
> (2) 中性点直接接地方式とする。
> (3) 接地した遮へい線を設ける。
> (4) 電力線と架空弱電流電線とが併行する部分をできるだけ少なくする。
> (5) 電力線における高調波の発生を防止する。

■ 重要項目 ■

電磁誘導電圧は，$E_s = j\omega M_a i_a + j\omega M_b i_b + j\omega M_c i_c$ で計算できる。

解説

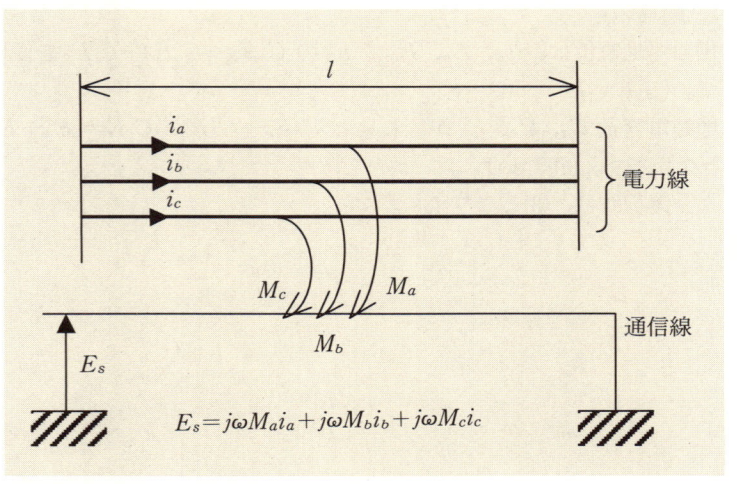

電磁誘導の発生を，回路図で示すと上図となる。

すなわち，電磁誘導電圧 E_s は，送電線 abc 相と電磁誘導を受ける通信線 s との相互インダクタンス M_a, M_b, M_c と送電線に流れる電流で決まる。

以上から，電磁誘導障害を軽減する方法は，$E_s = j\omega M_a i_a + j\omega M_b i_b + j\omega M_c i_c$ [V] の式で相互インダクタンス M_a, M_b, M_c を小さくし，電流 i_a, i_b, i_c のバランスをとることになる。

解法

(1) 電力線と架空弱電流電線の離隔距離を大きくすることは，電力線と架空弱電流電線の相互インダクタンス M_a, M_b, M_c を小さくすることになります。

③. 誘導障害防止

よって，電磁誘導電圧 $E_s = j\omega M_a i_a + j\omega M_b i_b + j\omega M_c i_c$ が小さくなります。(正しい)

(2) 中性点直接接地方式とすることは，電流 i_a, i_b, i_c が大きくなることです。よって，電磁誘導の影響が，大きくなります。(間違い)

(3) 接地した遮へい線を設けることは，通信線を電磁遮へいすることになり，やはり電磁誘導電圧 $E_s = j\omega M_a i_a + j\omega M_b i_b + j\omega M_c i_c$ を小さくすることになります。(正しい)

(4) 電力線と架空弱電流電線とが併行する部分をできるだけ少なくすることは，電力線と架空弱電流電線の相互インダクタンス M_a, M_b, M_c を小さくすることになります。よって，電磁誘導電圧 $E_s = j\omega M_a i_a + j\omega M_b i_b + j\omega M_c i_c$ を小さくすることになります。(正しい)

(5) 高調波は，周波数が高いため，相互インダクタンス M_a, M_b, M_c によって，通信線に電磁誘導しやすいので，高調波の発生を防止することは，電磁誘導障害の防止対策となります。(正しい)

以上より，選択肢は，(2)となります。

正解 (2)

④. パーセントインピーダンス%Z

この節で学ぶことは、パーセントインピーダンス%Zについてです。%Zは、実務でもよく使いますので、ぜひ覚えてください。

例題 線間電圧 77 [kV] の送電系統において基準容量を 10 [MV・A] としたとき、100 [Ω] の抵抗の%インピーダンスの値 [%] として、正しいのは次のうちどれか。
(1) 8.25　　(2) 10.31　　(3) 12.68　　(4) 14.53　　(5) 16.87

重要項目

$$\%Z = \frac{P[\text{kV·A}]}{10\,V^2[\text{kV}]^2} \times Z \quad [\%]$$

解説

パーセントインピーダンス %Z は、1相当たりのインピーダンス $Z\,[\Omega]$、相電圧 $E\,[\text{V}]$、相電流 $I\,[\text{A}]$ とすると、

$$\%Z = \frac{Z\,[\Omega] \cdot I\,[\text{A}]}{E\,[\text{V}]} \times 100 \quad [\%]$$

と定義されます。

この式は、次のように変形できます。

$$\%Z = \frac{Z\,[\Omega] \cdot I\,[\text{A}]}{E\,[\text{V}]} \times 100 \quad \cdots\cdots 分母・分子に \sqrt{3} を掛けると$$

$$= \frac{Z\,[\Omega] \cdot \sqrt{3}\,I\,[\text{A}]}{\sqrt{3}\,E\,[\text{V}]} \times 100 \quad \cdots\cdots つぎに \sqrt{3}E = V だから$$

$$= \frac{Z\,[\Omega] \cdot \sqrt{3}\,I\,[\text{A}]}{V\,[\text{V}]} \times 100 \quad \cdots\cdots \begin{cases} そして、1,000\,[\text{V}] = 1\,[\text{kV}] なので \\ 単位変換すると \end{cases}$$

$$= \frac{Z\,[\Omega] \cdot \sqrt{3}\,I\,[\text{A}]}{1,000\,V\,[\text{kV}]} \times 100 \quad \cdots\cdots \begin{cases} ここでの単位変換は、例えば 1,000 \\ [\text{V}] と代入するのを 1\,[\text{kV}] と代 \\ 入するので同じ数値となるように \\ 1,000 \times 1 と千倍するのです。 \end{cases}$$

$$= \frac{Z\,[\Omega] \cdot \sqrt{3}\,VI\,[\text{kV·A}]}{1,000\,V^2\,[\text{kV}]^2} \times 100 \cdots \begin{cases} 分子分母に同じ V\,[\text{kV}] を掛け \\ ると左式のようになります。 \end{cases}$$

$$= \frac{Z\,[\Omega] \cdot \sqrt{3}\,VI\,[\text{kV·A}]}{10\,V^2\,[\text{kV}]^2}$$

$$= \frac{Z\,[\Omega] \cdot P\,[\text{kV·A}]}{10\,V^2\,[\text{kV}]^2} \quad [\%]$$

④. パーセントインピーダンス %Z

解法

基準容量を $P\,[\mathrm{kV \cdot A}]$，基準電圧を $V\,[\mathrm{kV}]$，インピーダンスを $Z\,[\Omega]$ とすると，%Z は，

$$\%Z = \frac{P}{10\,V^2} \times Z \quad [\%]$$

となる。よって，

$$\%Z = \frac{10 \times 10^3}{10 \times 77^2} \times 100 = 16.87 \quad [\%]$$

となります。

よって，選択肢は，(5)となります。

正解 (5)

⑤. 短絡電流 I_S，短絡容量 P_S

> この節で学ぶ事は，**%インピーダンス法**と **pu 法**の使い方です。この節で，いかに，この方法が簡単であるかを学んで下さい。

例題 図のような送電系統の F 点において，三相短絡を生じたとき，F 点における短絡電流 [A] の値として，正しいのは次のうちどれか。ただし，発電機の容量は 10,000 [kV・A]，出力電圧は 11 [kV]，リアクタンスは自己容量ベースで 25 [%] である。また，変圧器容量は 10,000 [kV・A]，変圧比は 11 [kV]/33 [kV]，リアクタンスは**自己容量**ベースで 5 [%]，送電線 TF 間のリアクタンスは 10,000 [kV・A] ベースで 10 [%] とする。

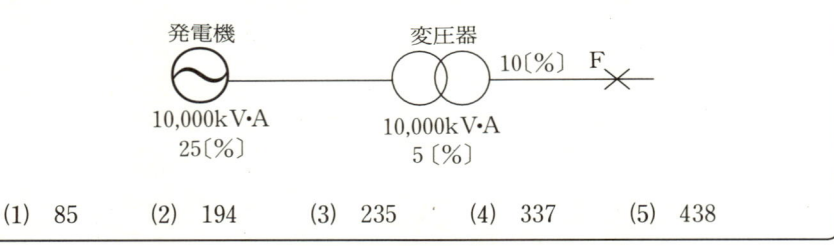

発電機　　　　変圧器
　　　　　　　　　　　　10 [%]　F
○～──────□□──────×
10,000 kV・A　10,000 kV・A
25 [%]　　　　5 [%]

(1) 85　(2) 194　(3) 235　(4) 337　(5) 438

||| 重要項目 |||

$$P_S[\text{pu}] = I_S[\text{pu}] = \frac{100}{X_G[\%] + X_T[\%] + X_L[\%]}$$

$$I_S[\text{A}] = I_n[\text{A}] \cdot I_S[\text{pu}] \quad P_S[\text{W}] = P_n[\text{W}] \cdot P_S[\text{pu}]$$

解説

発電機のリアクタンスを $X_G[\Omega]$，変圧器のリアクタンスを $X_T[\Omega]$，送電線のリアクタンスを $X_L[\Omega]$，相電圧を $E[\text{V}]$ として，短絡電流 $I_S[\text{A}]$ をオーム法で求めると，

$$I_S[\text{A}] = \frac{E[\text{V}]}{X_G[\Omega] + X_T[\Omega] + X_L[\Omega]}$$

と求めることができます。

この式を，%インピーダンス法に近い pu 法にすると，式の形は同じで，次式となります。

$$I_S[\text{pu}] = \frac{E[\text{pu}]}{X_G[\text{pu}] + X_T[\text{pu}] + X_L[\text{pu}]}$$

次に，日本は，定電圧送電ですから送電電圧がほぼ一定です。すなわち，66 kV 系であれば，64～67 kV の範囲，77 kV 系であれば，75～78 kV の範囲で

5. 短絡電流 I_S，短絡容量 P_S

す。そのため，相電圧もほぼ一定で $E\,[\mathrm{pu}]=1\,[\mathrm{pu}]$ なので，

$$I_S[\mathrm{pu}]=\frac{1}{X_G[\mathrm{pu}]+X_T[\mathrm{pu}]+X_L[\mathrm{pu}]}$$

となります。

また，この式で pu 値は，小数点以下に0が多く並ぶので使いづらいため，% インピーダンスにすると

$$I_S[\mathrm{pu}]=\frac{1}{(X_G[\%]+X_T[\%]+X_L[\%])/100}$$

$$I_S[\mathrm{pu}]=\frac{100}{X_G[\%]+X_T[\%]+X_L[\%]}$$

さらに，短絡容量 $P_S\,[\mathrm{pu}]$ は，$E\,[\mathrm{pu}]=1\,[\mathrm{pu}]$ なので，

$$P_S[\mathrm{pu}]=I_S[\mathrm{pu}]=\frac{100}{X_G[\%]+X_T[\%]+X_L[\%]}$$

また，これを [A] 値または [W] 値に直すと，基準電流と基準容量を $I_n\,[\mathrm{A}]$，$P_n\,[\mathrm{W}]$ として

$$I_S[\mathrm{A}]=I_n[\mathrm{A}]\cdot I_S[\mathrm{pu}] \qquad P_S[\mathrm{W}]=P_n[\mathrm{W}]\cdot P_S[\mathrm{pu}]$$

解法

各装置の％リアクタンスは，全て 10,000 [kV・A] での値であるため，**基準容量 P_B を 10,000 [kV・A]** とします。等価回路を書くと，下図のようになります。

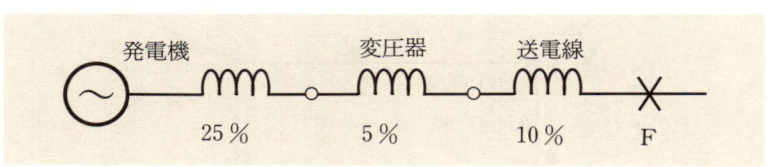

合計の％リアクタンス（%X_R）は，

$$\%X_R=25+5+10=40\ [\%]$$

となります。

よって，三相短絡で流れる電流 $I_S\,[\mathrm{A}]$ は，定格電流を $I_n\,[\mathrm{A}]$，短絡前の定格電圧を $V_n\,[\mathrm{V}]$ とすると

$$I_S=\frac{100I_n}{\%X_R}=\frac{100}{\%X_R}\cdot\frac{P_B}{\sqrt{3}V_n} \quad\cdots\cdots\cdots(1)$$

となります。(1)式に各値を代入すると

$$I_S=\frac{100}{40}\times\frac{10{,}000\times10^3}{\sqrt{3}\times33\times10^3}=438\ [\mathrm{A}]$$

となります。よって，選択肢は，(5)となります。

正解 (5)

⑥. 電圧降下 v，電圧降下率 ε

この節で学ぶ事は，実態配線図の重要性と**キルヒホッフの法則**による電圧降下の計算です。また，電流は，必ず行きと戻りがあることに注意して下さい。

例題 図の単線結線図に示す単相2線式の回路がある。供給点 K における線間電圧 V_K は 105 [V]，負荷点 L，M，N には，それぞれ電流値が 40 [A]，50 [A]，10 [A] で，ともに力率 100 [%] の負荷が接続されている。回路の1線当たりの抵抗は KL 間が 0.1 [Ω]，LN 間が 0.05 [Ω]，KM 間が 0.05 [Ω]，MN 間が 0.1 [Ω] であり，線路のリアクタンスは無視するものとして，次の(a)及び(b)に答えよ。

(a) 供給点 K と負荷点 L 間に流れる電流 I [A] の値として，正しいのは次のうちどれか。
　(1) 30　　(2) 40　　(3) 50　　(4) 60　　(5) 100

(b) 負荷点 N の電圧 [V] の値として，正しいのは次のうちどれか。
　(1) 97　　(2) 98　　(3) 99　　(4) 100　　(5) 101

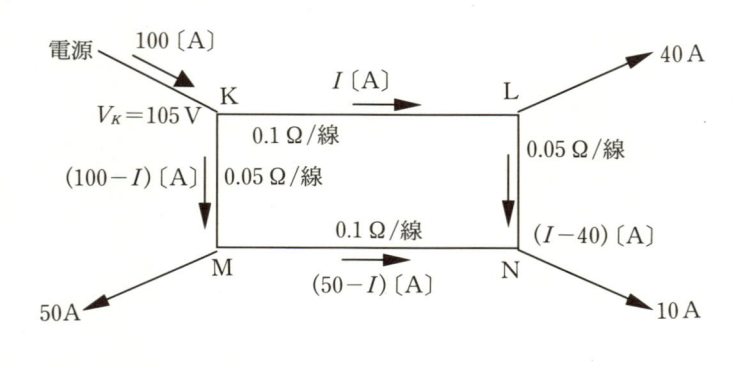

||重要項目||

単線結線図の問題は，実態配線図を描いて解答する。

解説

問題の単線結線図を実態配線図にすると図 5-1 となります。

図に，キルヒホッフの法則を適用するのは，さほど難しくないと思います。この問題を解くことができるかどうかは，図 5-1 を描くことができるかどうかで決まります。あとは，いつもの通り，機械的に解けばよいと思います。

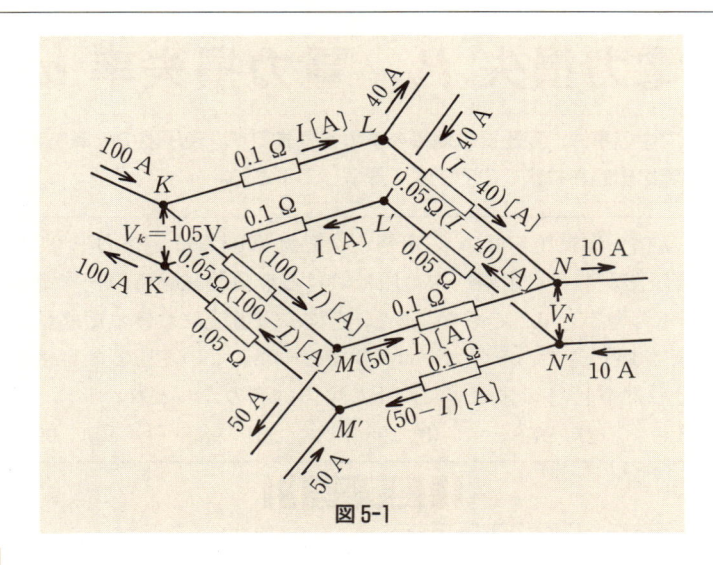

⑥. 電圧降下 v，電圧降下率 ε

図 5-1

|解法|
(a) **キルヒホッフの法則**から K → L → N → M → K の電圧降下を考えます．

$2 \times 0.1 \times I + 2 \times 0.05 \times (I-40) - 2 \times 0.1 \times (50-I) - 2 \times 0.05 \times (100-I) = 0$

$0.2I + 0.1I + 0.2I + 0.1I = 4 + 10 + 10$

$0.6I = 24$

$I = 40$ ［A］

となります．

(b) 負荷点 N の電圧 V_N は，V_K から K → L → N の線路電圧降下を引くことで求められ，

$V_N = V_K - 2 \times 0.1 \times I - 2 \times 0.05 \times (I-40)$

$\quad = 105 - 2 \times 0.1 \times 40 - 2 \times 0.05 \times (40-40)$

$\quad = 97$ ［V］

となります．

|正解| (a) (2)　　(b) (1)

7. 電力損失 P_t，電力損失率 α

この節で学ぶ事は，**変圧器の効率**を求める公式です。変圧器の効率を求める公式は，頻繁に出題されますので，よく理解して下さい。

例題 定格一次電圧 400 [V]，定格一次電流 200 [A]，定格力率 0.9（遅れ）の単相変圧器がある。定格一次電圧における無負荷試験時の一次電流は 8 [A] で，その力率は 0.2 であり，また，定格一次電流における短絡試験時の一次電圧は 16 [V] で，その力率は 0.3 であった。この変圧器の定格負荷状態における効率 [%] の値として，正しいのは次のうちどれか。
(1) 97.3　　(2) 97.8　　(3) 98.3　　(4) 98.8　　(5) 99.1

重要項目

変圧器の効率を求める公式

$$\eta = \frac{\frac{1}{n} \times 定格負荷\ P[\text{W}]}{\frac{1}{n} \times 定格負荷\ P[\text{W}] + 無負荷損\ p_i[\text{W}] + \left(\frac{1}{n}\right)^2 \times 定格負荷の時の負荷損\ p_c[\text{W}]} \times 100\ [\%]$$

解説

変圧器の効率 η [%] は，次の公式で求められます。

$$\eta = \frac{定格負荷\ P[\text{W}]}{定格負荷\ P[\text{W}] + 無負荷損\ p_i[\text{W}] + 定格負荷の時の負荷損\ p_c[\text{W}]} \times 100\ [\%]$$

この式で，無負荷損 p_i [W] は，**無負荷試験**を行ったときに求められる損失です。また，定格負荷の時の負荷損 p_c [W] は，定格電流を流して**短絡試験**を行ったときに求められる損失です。

ここで，もし定格負荷でなく定格の $1/n$ 負荷であった場合は，

$$\eta = \frac{\frac{1}{n} \times 定格負荷\ P[\text{W}]}{\frac{1}{n} \times 定格負荷\ P[\text{W}] + 無負荷損\ p_i[\text{W}] + \left(\frac{1}{n}\right)^2 \times 定格負荷の時の負荷損\ p_c[\text{W}]} \times 100\ [\%]$$

となります。

解法

まず，変圧器が負担している負荷 P [W] は，
$$P = 400 \times 200 \times 0.9 = 72{,}000\ \ [\text{W}]$$

次に，無負荷試験から，無負荷損 p_i [W] は，

7. 電力損失 P_l，電力損失率 α

$p_i = 400 \times 8 \times 0.2 = 640$ ［W］

短絡試験から，定格一次電流における負荷損 p_c ［W］は，

$p_c = 16 \times 200 \times 0.3 = 960$ ［W］

以上から，この変圧器の定格負荷状態における効率 η ［%］は，

$$\eta = \frac{出力}{入力} \times 100$$

$$= \frac{入力 - 損失}{入力} \times 100$$

$$= \frac{72{,}000 - (960 + 640)}{72{,}000} \times 100$$

$$\fallingdotseq 97.8 \ ［\%］$$

となります。

よって，選択肢は，(2)となります。

正解 (2)

8. 架空送電線のたるみ D, 電線実長 L

この節で学ぶことは、架空送電線のたるみ計算です。公式を覚えれば、確実に取れる問題なので、しっかり公式を覚えましょう。

例題 図のように高低差のない支持点 A, B で、径間 S の架空送電線路において、架線の水平張力 T を調整してたるみ D を 10 [%] 小さくし、電線地上高を高くしたい。この場合の水平張力の値として、正しいのは次のうちどれか。ただし、両側の鉄塔は十分な強度があるものとする。

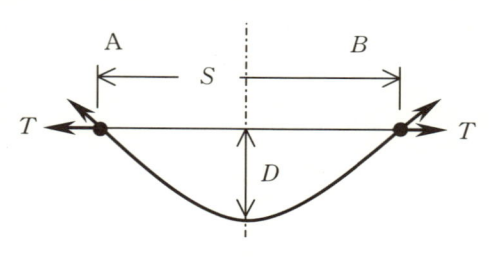

(1) $0.9^2 T$　(2) $0.9T$　(3) $\dfrac{T}{\sqrt{0.9}}$　(4) $\dfrac{T}{0.9}$　(5) $\dfrac{T}{0.9^2}$

重要項目

たるみ（弛度）　$D = \dfrac{wS^2}{8T}$ [m]

電線の実長　$L = S + \dfrac{8D^2}{3S}$ [m]

解説

図 5-2 で電線の単位長さ当たりの重量が w の時、電線のたるみ D や電線の実長 L は、次式で計算できます。

$$D = \dfrac{wS^2}{8T}$$

$$L = S + \dfrac{8D^2}{3S}$$

ここで、w：電線単位長さ当たりの
　　　　　　電線重量 [N/m]
　　　　S：径間長 [m]
　　　　T：電線水平張力 [N]
　　　　D：径間中央の電線弛度

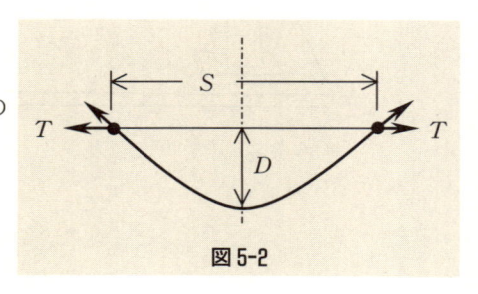

図 5-2

8. 架空送電線のたるみ D, 電線実長 L

解法

図5-3で電線の単位長さ当たりの重量を w とすると，たるみ D は，

$$D = \frac{wS^2}{8T} \quad \cdots\cdots\cdots(1)$$

となります。

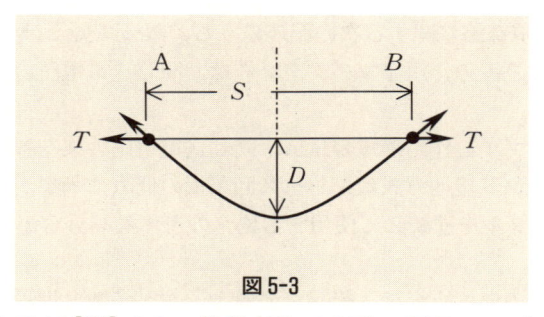

図 5-3

次に，たるみが10〔％〕小さい状態（$D' = 0.9D$）の図5-4でも

$$D' = \frac{wS^2}{8T'} \quad \cdots\cdots\cdots(2)$$

となります。

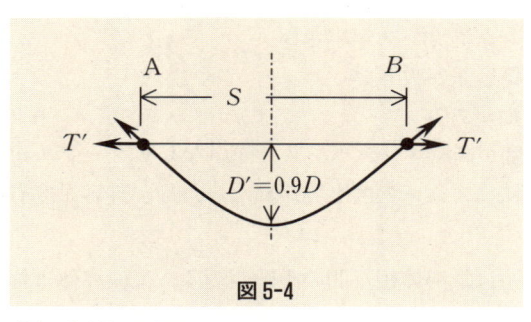

図 5-4

(1), (2)式より $D' = 0.9D$ から

$$\frac{wS^2}{8T'} = 0.9 \cdot \frac{wS^2}{8T}$$

$$\frac{1}{T'} = 0.9 \cdot \frac{1}{T}$$

$$T' = \frac{T}{0.9}$$

となります。

よって，選択肢は，(4)となります。

正解 (4)

9. ケーブルの充電電流 I_c,充電容量 Q_c

> この節で学ぶ事は,電力ケーブルによる送電の特徴です。電力ケーブルに関する問題は,今後の布設が多くなるに従って増えるものと予想されます。

例題 地中電線路に関する次の記述のうち,誤っているのはどれか。
(1) 電力ケーブルの作用インダクタンスは,同じ送電電圧の架空線より大きい。
(2) 電力ケーブルの作用静電容量は,同じ送電電圧の架空線より大きい。
(3) クロスボンド接地方式は,シース回路損の低減に効果がある。
(4) CVケーブルを連続して使用する場合の導体最高許容温度は,90(℃)である。
(5) ケーブルの温度上昇は,絶縁物の厚さ,布設条数,埋設深さ,地中温度によって異なる。

重要項目

電力ケーブルは,架空線に較べて次のような特徴を持っています。
 1.作用インダクタンスが小さい
 2.作用静電容量が大きい
 3.シース損がある
 4.耐熱温度が高くメンテナンスの簡単なCVケーブルが好んで使われる
 5.施工方法によって温度上昇が異なるため,許容温度も異なってくる

解説
(1) 電力ケーブルは,導体相互間の距離が短く,又,導体は位置がほぼ正三角形に配置されていますので,電流が流れたことによって生ずる磁束は,お互い打消し合います。そのため,作用インダクタンスは,同じ送電電圧の架空線より小さなものとなります。
(2) 電力ケーブルは,導体相互間の距離が短いため作用静電容量が大きくなります。
(3) クロスボンド接地方式は,鉛被に発生する誘導電圧を打消し合うように接続されます。そのため,シースに流れる電流が小さくなりシース損が減少します。
(4) CVケーブルは耐熱温度が高く取れます。連続して使用する場合の導体最高許容温度は90(℃)です。

⑨. ケーブルの充電電流 I_c, 充電容量 Q_c 159

(5) ケーブルの温度上昇は，周囲の温度や，放熱の度合に大きく影響されます。そのため，温度上昇は，絶縁物の厚さ，布設条数，埋設深さ，地中温度によって左右されます。

解法

解説にあるように，(1)が間違っています。よって，選択肢は，(1)となります。

正解 (1)

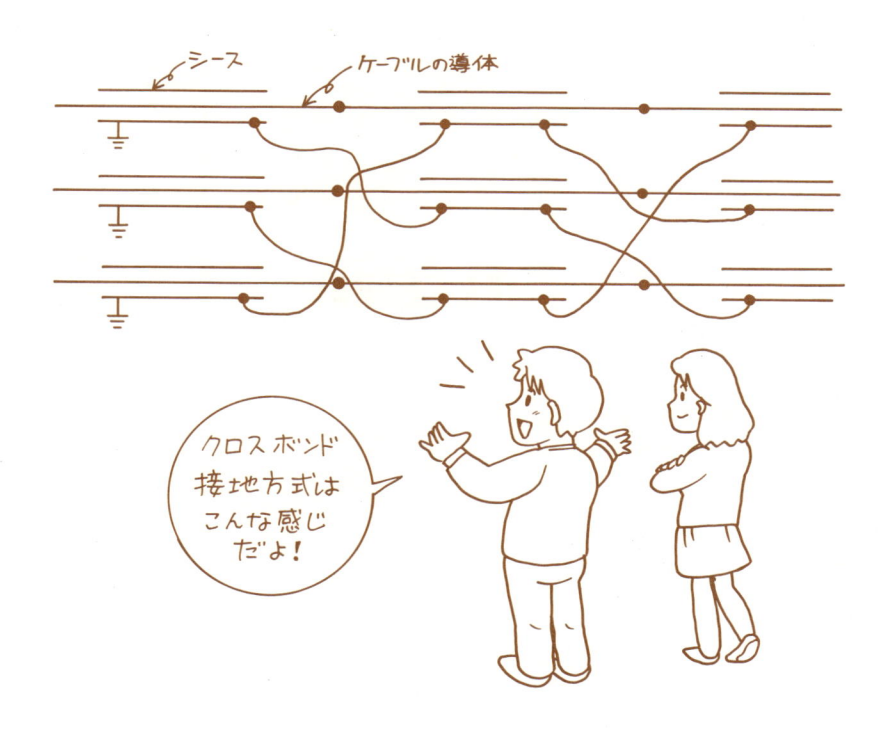

第5章 送配電線路

10. 地中ケーブルの許容電流

この節で学ぶ事は**3心共通ケーブル**と**トリプレックスケーブル**の比較です。トリプレックスケーブルは実務問題で出題しやすいのでよく理解しましょう。

例題 6.6[kV]ケーブルの絶縁体に架橋ポリエチレンを用いる場合，単心ケーブル3条をより合わせて用いると，3心 (ア) のケーブルより (イ) が小さくなるので， (ウ) 容量を大きくできる。また， (エ) やすく，端末処理が容易となる。

上記の記述中の空白箇所(ア), (イ), (ウ)及び(エ)に記入する字句として，正しいものを組み合わせたのは次のうちどれか。

	(ア)	(イ)	(ウ)	(エ)
(1)	共通	抵抗	静電	伸ばし
(2)	共通シース	熱抵抗	電流	曲げ
(3)	共通	インダクタンス	電流	伸ばし
(4)	共通シース	抵抗	静電	伸ばし
(5)	共通	熱抵抗	静電	曲げ

重要項目

3心共通ケーブルとトリプレックスケーブルを比較すると，トリプレックスケーブルは，

1. **熱抵抗**が小さい
2. 電流容量が大きい
3. 曲げや加工がしやすい

解説

ケーブルの絶縁体に架橋ポリエチレンを用い，単心ケーブル3条をより合わせたケーブルをトリプレックスケーブルという。

従来の3心共通ケーブル　　　　トリプレックスケーブル

⑩. 地中ケーブルの許容電流　　　　　　　　　　161

　3心共通ケーブルに較べてトリプレックスケーブルは，各相の導体が独立しているため放熱効果が良く，又，加工もしやすいものとなる。

|解法|

　解説にあるように，ケーブルの絶縁体に**架橋ポリエチレン**を用いる場合，単心ケーブル3条をより合わせて用いると，3心 |共通シース| のケーブルより |熱抵抗| が小さくなるので，|電流| 容量を大きくできます。また，|曲げ| やすく，**端末処理**が容易となります。

　よって，選択肢は，(2)となります。

|正解|　(2)

第5章　送配電線路

3心共通ケーブル　　トリプレックスケーブル

トリプレックスケーブルって私の髪みたいネ♡

第6章　電気材料

①. 磁性材料（変圧器，電動機の鉄心）

> この節で学ぶ事は，鉄心の損失の種類と特性です。**ヒステリシス損**と**渦電流損**の計算式は，覚えておく必要があります。

例題　機器の積層鉄心としてのけい素鋼板は，周波数と磁束密度を一定としたとき，板厚を薄くすると　(ア)　損はほとんど変わらないが　(イ)　損は　(ウ)　し，板厚を厚くすると　(エ)　は増加する。

上記の記述中の空白箇所(ア)，(イ)，(ウ)及び(エ)に記入する字句として，正しいものを組み合わせたのは次のうちどれか。

	(ア)	(イ)	(ウ)	(エ)
(1)	ヒステリシス	渦電流	増加	鉄損
(2)	ヒステリシス	渦電流	減少	鉄損
(3)	渦電流	ヒステリシス	増加	銅損
(4)	渦電流	ヒステリシス	減少	鉄損
(5)	ヒステリシス	渦電流	増加	銅損

重要項目

ヒステリシス損　　$w_h = k_1 f B_m^2$　　[W/kg]　　……………(1)

渦電流損　　$w_e = k_2 t^2 f^2 B_m^2$　　[W/kg]　　……………(2)

解説

磁束を使った機器，例えば変圧器や誘導電動機には，鉄心が使われています。そして，鉄心に使われている材料のほとんどは，**けい素鋼板**です。けい素鋼板が使われる理由は，安価で加工がしやすく**比透磁率**も大きいからです。

このけい素鋼板ですが，表6-1の種類があります。

さて，このけい素鋼板は，磁束が通ると損失を発生します。損失の種類は，**ヒステリシス損**と**渦電流損**です。ヒステリシス損は，鉄心の**磁化特性曲線（B-H曲線）**の**ヒステリシス特性**によるものです。

　　ヒステリシス損　　$w_h = k_1 f B_m^2$　　[W/kg]

また，渦電流損は，磁束の通過する回りに渦電流が流れて，**ジュール熱**を発生することによります。

　　渦電流損　　$w_e = k_2 t^2 f^2 B_m^2$　　[W/kg]

①. 磁性材料（変圧器，電動機の鉄心）

表6-1

材料名	特徴	用途
低けい素鋼帯	安価，鉄損は多少大きい	家庭用電気機器用小型電動機
冷間圧延けい素鋼帯	けい素含有量3〜5％ 厚さ0.35〜0.7 mm 鉄損小	回転機（けい素3.5％以下） 変圧器（3.5〜5.5％）
方向性けい素鋼帯	強冷間圧延によるもので磁気特性は圧延方向が最良 けい素含有量3〜3.5％ 冷間圧延より鉄損小	大型タービン発電機，電力用変圧器，巻鉄心変圧器
薄けい素鋼帯	**方向性けい素鋼帯で厚さ0.1〜0.025 mm**	400 Hz以上の可聴周波数領域で使用する発電機，変圧器，磁気増幅器など

|解法|

機器の**積層鉄心**で発生する鉄損には，**ヒステリシス損** w_h と**渦電流損** w_e があります。

ヒステリシス損

$$w_h = k_1 f B_m^2 \quad [\text{W/kg}] \qquad \cdots\cdots\cdots(1)$$

渦電流損

$$w_e = k_2 t^2 f^2 B_m^2 \quad [\text{W/kg}] \qquad \cdots\cdots\cdots(2)$$

ここで　k_1, k_2：比例定数

f：電源周波数

B_m：最大磁束密度　[T]

t：鉄心の板厚　[m]

(1)(2)式より，周波数 f [Hz]と磁束密度 B_m [T]を一定としたとき，板厚を薄くすると (ア)ヒステリシス 損は，ほとんど変わりませんが (イ)渦電流 損は (ウ)減少 します。また，板厚を厚くすると，(エ)鉄損 は増加します。

よって，選択肢は，(2)となります。

|正解| (2)

2. 絶縁材料

この節で学ぶ事は，**絶縁材料と種別・最高許容温度**です。絶縁材料は，最高許容温度で7種類に区分されていますので，その区分を覚えて下さい。

例題 電気機器の絶縁は，耐熱性の程度により区分されている。絶縁の種類を許容最高温度の高い順に左から右へ並べた物は，次のうちどれか。
(1) H種 B種 E種 A種 (2) H種 E種 B種 A種
(3) H種 F種 E種 B種 (4) C種 H種 E種 B種
(5) H種 C種 B種 A種

重要項目

表 6-2 絶縁種別一覧表

種別	最高許容温度	主な絶縁材料（使用機器）
Y	90	綿，絹などの天然繊維，紙および紙製品，ファイバ，木材，アニリン樹脂（低電圧小型機器）
A	105	含浸または絶縁油に浸した綿，絹，紙など，ワニスペーパ，エナメル線用各種ワニス（一般の回転機，変圧器）
E	120	エナメル線用ポリウレタン樹脂，エポキシ樹脂，架橋ポリエステル樹脂，マイラ（比較的大容量の機器，コイル）
B	130	マイカ製品，石綿，ガラス繊維，ワニスガラスクロス，ワニスアスベスト，エナメル線用けい素樹脂（高電圧用機器）
F	155	マイカ製品，石綿，ガラス繊維，ワニスガラスクロス（同上）
H	180	石綿，ガラス繊維，ワニスガラスクロス，ゴムガラスクロス，シリコンゴム（高電圧，小型機器，乾式変圧器）
200	200	マイカ，陶磁器，ガラス，ワニスガラスクロス（耐熱）
220	220	
250	250	

解説

絶縁材料は，電気を流しにくい性質の材料です。電気機器を安全に使用するために導体部分の回りに使用されます。必要な特性としては，
(1) 絶縁抵抗が大きいこと
(2) 絶縁耐力が大きいこと
(3) 耐熱性が大きいこと
(4) 化学的に安定であること

②. 絶縁材料

(5) 加工がしやすいこと
(6) 耐コロナ・耐アーク性がよいこと
(7) 耐吸湿性がよいこと
(8) 安価であること

　この問題は，この必要な性質の中で，(3)の耐熱性についての問題です。
絶縁材料は，耐熱温度で分類されています。というのは，電気絶縁は，温度と非常に深く関係し，一般に温度が高くなるに従って，絶縁破壊しやすくなります。そのため，電気絶縁は，耐熱温度を高くすることと同じ意味にとらえられています。

　さて，その区分ですが，表6-2にある絶縁種別一覧表のように7種類の**Y種・A種・E種・B種・F種・H種・C種**に分類されています。

　そして，電気機器の小型軽量化という性能向上のため，最高許容温度の高い材料を使用する傾向にあります。

解法

絶縁の種別は，下表のようになっています。

種　別	最高許容温度
Y	90℃
A	105℃
E	120℃
B	130℃
F	155℃
H	180℃
200	200℃
220	220℃
250	250℃

よって，選択肢は，(1)となります。

正解　(1)

第3編 機械

出題の傾向とその対策

　機械は，試験範囲が極めて広い分野です。そのため，試験範囲を絞って勉強しないと，1年で受験準備ができません。しかし，受験生全員が同じ条件ですから，いかにポイントを絞って勉強するかが，合格する人としない人との違いになります。

よく出題される問題は

直流機	1．速度制御
	2．誘導起電力・出力・トルク
同期機	3．短絡比と同期インピーダンス
	4．同期発電機と同期電動機
	5．無負荷飽和曲線と三相短絡曲線
変圧器	6．巻数比と誘導起電力
	7．電圧変動率
	8．並行運転
誘導機	9．円線図
	10．同期速度・同期角速度・滑り
	11．二次入力・出力・二次銅損・トルクの関係
自動制御	12．フィードバック制御
	13．ラプラス変換と伝達関数
照明	14．照明の諸計算
	15．照明設計
電熱	16．電気加熱に関する諸計算
	17．熱オームの法則
	18．誘電加熱・誘導加熱と抵抗加熱
電気化学	19．一次・二次電池
	20．金属イオンの電解析出
電動機応用	21．ポンプ・送風機
	22．回転体のトルクと慣性モーメント
パワーエレクトロニクス	23．AC-DC 変換回路
	24．半導体素子
情報処理	25．記憶装置及び演算回路
	26．論理回路の基礎

です。

第1章　直流機

1. 誘導起電力の公式

この節で学ぶ事は，**直流発電機の基本式**です。直流発電機の基本式は，重要な公式ですので，必ず理解しましょう。

例題　磁極数4，電機子導体数480の直流分巻発電機がある。各磁極の磁束が0.01 [Wb] で，発電機の回転速度が900 [min^{-1}] であったとすれば，この発電機の誘導起電力 [V] として，正しいのは次のうちどれか。ただし，電機子巻線は波巻とする。

(1) 72　　(2) 134　　(3) 144　　(4) 264　　(5) 288

重要項目

直流発電機の基本式　$E = \dfrac{Z}{a} \cdot \dfrac{N}{60} \cdot p\phi$　[V]

解説

直流発電機の基本式を導いてみましょう。

スタートは，次式です。

$$e = n\frac{\Delta\phi}{\Delta t} \quad [\text{V}]$$

この式は，**ファラデーの法則**で，n 本の導体が Δt 秒間に $\Delta\phi$ [Wb] の磁束を切ることを意味します。

よって，1秒間に切る磁束の数に式を変形すると**磁束密度** B [T]，導体の移動速度 v [m/s]，導体の長さ l [m] とすると

$$e = n\frac{\Delta\phi}{\Delta t} = n \cdot B \cdot v \cdot l \quad [\text{V}]$$

そこで，**直流発電機の全導体数**を Z [本]，**並列導体数**を a，**電機子の直径**を D [m]，回転数を N [min^{-1}]，**極数**を p [極]，**毎極の磁束**を ϕ [Wb] とすると，

$$n = \frac{Z}{a} \qquad B = \frac{\text{全磁束}}{\text{電機子の表面積}} = \frac{p\phi}{\pi D l} \qquad v = \pi D \frac{N}{60}$$

となります。

よって，

$$e = n\frac{\Delta\phi}{\Delta t} = n \cdot B \cdot v \cdot l = \frac{Z}{a} \cdot \frac{p\phi}{\pi D l} \cdot \pi D \frac{N}{60} \cdot l = \frac{Z}{a} \cdot \frac{N}{60} \cdot p\phi \quad [\text{V}]$$

となります。

すなわち，発生電圧 $e = E$ [V] として，

①. 誘導起電力の公式

$$E = \frac{Z}{a} \cdot \frac{N}{60} \cdot p\phi \quad [\text{V}]$$

となります。

この式が，公式として書かれている式です。

解法

磁極数 p，**電機子導体数** Z，**並列回路数** a，**毎極の磁束** ϕ，毎分の回転速度 N とすれば，**直流の誘導起電力** E は次のように表すことができます。

$$E = \frac{Z}{a} \cdot \frac{N}{60} \cdot p\phi \quad [\text{V}]$$

並列回路数 a は**波巻**の場合には常に $a=2$ で，**重巻**の場合には $a=p$ で極数に等しくなります。よって，題意より，次のように計算することができます。

$$E = \frac{480}{2} \times \frac{900}{60} \times 4 \times 0.01 = 144 \quad [\text{V}]$$

よって選択肢は，(3)となります。

正解 (3)

第1章 直流機

2. 回転速度の公式

この節で学ぶ事は，直流電動機の基本式です。直流電動機の問題は，この基本式を基に解きますので，充分理解して下さい。

例題 電機子電圧 220 [V]，電機子電流 20 [A]，回転速度 1,510 [min^{-1}] で運転中の他励直流電動機の負荷トルクを 2 倍にしたときの回転速度 [min^{-1}] として，正しいのは次のうちどれか。ただし，電機子回路の内部抵抗は，0.2 [Ω] とし，ブラシの電圧降下は無視するものとする。
(1) 1,374　　(2) 1,401　　(3) 1,426　　(4) 14,551　　(5) 1,482

重要項目

直流電動機の基本式

$E_a = k_1 \phi N$ [V]　　ここで，$k_1 = \dfrac{p}{60} \cdot \dfrac{Z}{a}$

$T = k_2 \phi I_a$ [N・m]　　ここで，$k_2 = \dfrac{pZ}{2\pi a}$

$E_a = V - I_a r_a$ [V]

解説

他励直流電動機の回路図は，下図となります。

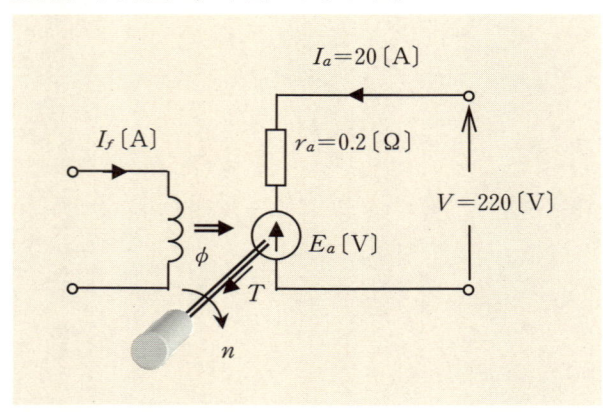

直流電動機は，電機子誘導起電力を E_a [V]，トルクを T [N・m]，端子電圧を V [V] とすると，次式が成り立ちます。

$E_a = k_1 \phi N$ [V]　　ここで，$k_1 = \dfrac{p}{60} \cdot \dfrac{Z}{a}$

②. 回転速度の公式

$T = k_2 \phi I_a$ [N・m]　ここで，$k_2 = \dfrac{pZ}{2\pi a}$

$E_a = V - I_a r_a$ [V]

ここで，p：磁極数　　r_a：電機子抵抗

　　　　a：電機子巻線の並列回路数

　　　　Z：電機子導体の総数

解法

直流電動機の基本式

$E_a = k_1 \phi n$ [V]　　　　　　　　　　　　　　　　　………(1)

$T = k_2 \phi I_a$ [N・m]　　　　　　　　　　　　　　　………(2)

$E_a = V - I_a r_a$ [V]　　　　　　　　　　　　　　　………(3)

が成り立ち，他励であるため，$I_f =$ 一定から $\phi =$ 一定となります。

よって，トルク T を2倍にしたときの電流 I_a' [A] は，

$2T = k_2 \phi I_a'$ [N・m]

$I_a' = 2I_a = 2 \times 20 = 40$ [A]

となります。

また，はじめの誘導起電力 E_a [V] は，

$E_a = 220 - 0.2 \times 20 = 216$ [V]

また，トルクを2倍にしたときの誘導起電力 E_a' [V] は，

$E_a' = 220 - 0.2 \times 40 = 212$ [V]

次に(1)式から

$216 = k_1 \phi \times 1{,}510$ [V]

$212 = k_1 \phi \times n'$ [V]

よって，回転数 n' [min^{-1}] は，

$n' = 1510 \times \dfrac{212}{216} = 1{,}482$ [min^{-1}]

となります。

よって，選択肢は，(5)となります。

正解　(5)

第1章　直流機

第 2 章　同期機

①. 同期発電機の誘導起電力と負荷角

> この節で学ぶ事は，同期発電機の誘導起電力と負荷角です。誘導起電力の式は，忘れないように，また，負荷角の式は，充分理解して下さい。

例題　定格出力 5,000 [kV・A]，定格電圧 6,600 [V]，定格力率 0.8（遅れ），同期リアクタンス 7.26 [Ω] の非突極三相同期発電機の定格負荷時の内部相差角（負荷角）の値として，正しいのは次のうちどれか。ただし，電機子抵抗は無視するものとする。

(1)　$\tan^{-1} 0.42$　　(2)　$\tan^{-1} 0.44$　　(3)　$\tan^{-1} 0.46$
(4)　$\tan^{-1} 0.48$　　(5)　$\tan^{-1} 0.50$

重要項目

誘導起電力　$E_0 = 4.44 k f \omega \Phi$　[V]

出力　　　　$P_0 = 3 \dfrac{V_t E_0}{X} \sin \delta$　[W]

負荷角　　　$\delta = \tan^{-1} \dfrac{IX \cos \phi}{V_t + IX \sin \phi}$　[rad]

解説

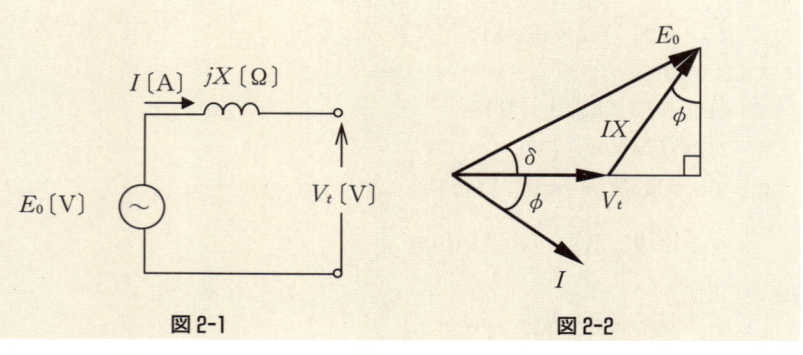

図 2-1

図 2-2

まず，同期発電機の 1 相当りの誘導起電力 E_0 [V] は，

誘導起電力　$E_0 = 4.44 k f \omega \Phi$　[V]

となり，その時の出力 P_0 [W] と負荷角 δ [rad] は，ベクトル図から

出力　　　　$P_0 = 3 \dfrac{V_t E_0}{X} \sin \delta$　[W]

負荷角　　　$\delta = \tan^{-1} \dfrac{IX \cos \phi}{V_t + IX \sin \phi}$　[rad]

1. 同期発電機の誘導起電力と負荷角

となります。

解法

まず，問題の**非突極三相同期発電機**で1相当りの回路図は，図2-1となります。また，そのベクトル図を書くと図2-2となります。

ベクトル図で，δが求める**内部相差角（負荷角）**です。

ベクトル図から，内部相差角 δ は，

$$\delta = \tan^{-1} \frac{IX\cos\phi}{V_t + IX\sin\phi}$$

となります。

さて，題意から

$$I = \frac{5{,}000 \times 10^3}{\sqrt{3} \times 6{,}600} \quad [A] \qquad \cos\phi = 0.8 \qquad X = 7.26 \quad [\Omega]$$

よって，

$$IX\cos\phi = \frac{5{,}000 \times 10^3}{\sqrt{3} \times 6{,}600} \times 7.26 \times 0.8 = 2.54 \times 10^3 \quad [V]$$

$$IX\sin\phi = \frac{5{,}000 \times 10^3}{\sqrt{3} \times 6{,}600} \times 7.26 \times 0.6 = 1.905 \times 10^3 \quad [V]$$

ゆえに，

$$\delta = \tan^{-1} \frac{2.54 \times 10^3}{\frac{6.6}{\sqrt{3}} \times 10^3 + 1.905 \times 10^3}$$

$$= \tan^{-1} \frac{2.54}{3.81 + 1.905}$$

$$= \tan^{-1} 0.44$$

となります。

よって，選択肢は，(2)となります。

正解 (2)

②. 短絡比

この節で学ぶことは**同期インピーダンス** $Z\,[\Omega]$ と**短絡比** K_s です。一度理解すれば，簡単に解ける問題です。確実に理解しましょう。

例題 定格電圧 3,300 [V]，定格電流 210 [A] の三相同期発電機がある。この発電機の電機子端子を開放した状態で界磁電流を増加していくと，120 [A] に達したとき定格電圧が発生した。次に，その電機子端子を短絡して同じ 120 [A] の界磁電流を与えると，短絡電流は定格電流の 1.4 倍であった。この発電機の同期インピーダンス [Ω] の値として，正しいのは次のうちどれか。ただし，発電機の回転速度は一定とする。
(1) 0.76　　(2) 1.6　　(3) 3.7　　(4) 6.5　　(5) 11.2

重要項目

同期インピーダンス $Z\,[\Omega]$ は，$Z = \dfrac{\frac{V_n}{\sqrt{3}}}{I_s}\,[\Omega]$

短絡比 K_s は，$K_s = \dfrac{I_s}{I_n} = \dfrac{I_{f0}}{I_{fs}}$

で計算します。

解説

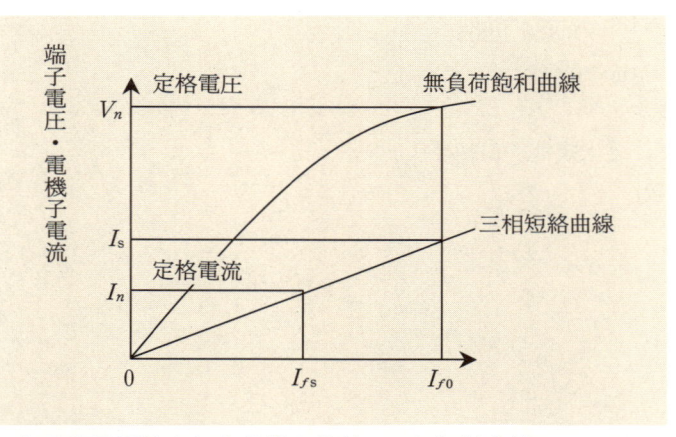

問題の**三相同期発電機**の**無負荷飽和曲線**と**三相短絡曲線**は，上図のようになります。

図より，同期インピーダンス $Z\,[\Omega]$ は，

$$Z = \frac{\frac{V_n}{\sqrt{3}}}{I_s} \quad [\Omega]$$

と計算できます。

また，**短絡比** K_s は，**界磁電流**と**電機子電流**が比例することを利用して

$$K_s = \frac{I_s}{I_n} = \frac{I_{f0}}{I_{fs}}$$

となります。

本問の場合は，

$$K_s = \frac{I_s}{I_n} \left(\text{または} = \frac{I_{f0}}{I_{fs}}\right) = \frac{294}{210} = 1.4$$

となります。

|解法|

電機子端子を短絡して同じ 120 [A] の**界磁電流**を与えると，**短絡電流** I_s [A] は定格電流 I_n [A] の 1.4 倍であることから，

$$I_s = I_n \times 1.4 = 210 \times 1.4 = 294 \quad [\text{A}]$$

となります。

また，図において，**同期インピーダンス** Z [Ω] は，

$$Z = \frac{\frac{V_n}{\sqrt{3}}}{I_s} \quad [\Omega]$$

と計算できます。

よって，

$$Z = \frac{\frac{V_n}{\sqrt{3}}}{I_s} = \frac{\frac{3,300}{\sqrt{3}}}{294} \fallingdotseq 6.5 \quad [\Omega]$$

となります。ゆえに選択肢は，(4)となります。

|正解| (4)

第3章 変圧器

1. 変圧器の電圧

この節で学ぶ事は,変圧器の一次側の電力と二次側の電力が等しいこと,巻数比がどのように表されるかです。

例題 単相変圧器の二次側端子間に 0.5 [Ω] の抵抗を接続して一次側端子に電圧 450 [V] を印可したところ,1次電流は 1 [A] となった。この変圧器の変圧比として,正しいのは次のうちどれか。ただし,変圧器の励磁電流,インピーダンス及び損失は無視するものとする。
(1) 28.6 (2) 30.0 (3) 31.4 (4) 32.9 (5) 34.3

重要項目

変圧器は,(一次入力)=(二次出力)

変圧比 n は, $n = \dfrac{V_1}{V_2} = \dfrac{I_2}{I_1}$

解説

変圧器の一次入力 P_1 [W] と二次出力 P_2 [W] は,常に等しく $P_1 = P_2$ となります。そのため,電圧×電流が入出力で等しいとして,変圧比を求めることができます。

$$P_1 = P_2$$
$$V_1 I_1 = V_2 I_2$$

変圧比 n は,

$$n = \dfrac{V_1}{V_2} = \dfrac{I_2}{I_1} \qquad \cdots\cdots(1)$$

となります。

また,抵抗 R [Ω] が,二次側に接続されていると,二次側で

$$\dfrac{V_2}{I_2} = R$$

ですが,一次側から見ると(1)式から,

$$\dfrac{V_1}{I_1} = \dfrac{nV_2}{\frac{1}{n}I_2} = n^2 \dfrac{V_2}{I_2} = n^2 R$$

となります。すなわち,巻数比の2乗になることが解ります。

解法

抵抗負荷なので力率を1として,一次側の電力 P_1 [W] は,

1. 変圧器の電圧

$$P_1 = 450 \times 1 = 450 \quad [\text{W}]$$

となります。

次に，二次側の端子電圧を $V_2[\text{V}]$ とすると，二次側の電力 $P_2[\text{W}]$ は，

$$P_2 = \frac{V_2^2}{0.5} \quad [\text{W}]$$

となります。題意から，変圧器の損失を無視するので $P_1 = P_2$ となりますので

$$450 = \frac{V_2^2}{0.5}$$

$$V_2 = \sqrt{450 \times 0.5} = \sqrt{225} = 15 \quad [\text{V}]$$

よって，求める変圧比 n は，

$$n = \frac{450}{15} = 30.0$$

となります。

よって，選択肢は，(2)となります。

正解 (2)

2. 変圧器の試験

> この節で学ぶ事は，**変圧器の極性**を判定するときの接続方法です。また，判定方法も学びますので，しっかり理解して下さい。

例題 極性既知の変圧器 T_1 を用いて，被試験変圧器 T_2 の極性試験を図のような機器配置によって行おうとする。この場合，高圧側端子は一般に ⬜(ア)⬜ に，低圧側端子は ⬜(イ)⬜ に接続する。スイッチ S を閉じ，電圧計 V の指示が各変圧器の低圧側の電圧の ⬜(ウ)⬜ であれば，T_2 は T_1 と同一極性である。

上記の記述中の空白箇所(ア)，(イ)及び(ウ)に記入する字句として，正しいものを組み合わせたのは次のうちどれか。

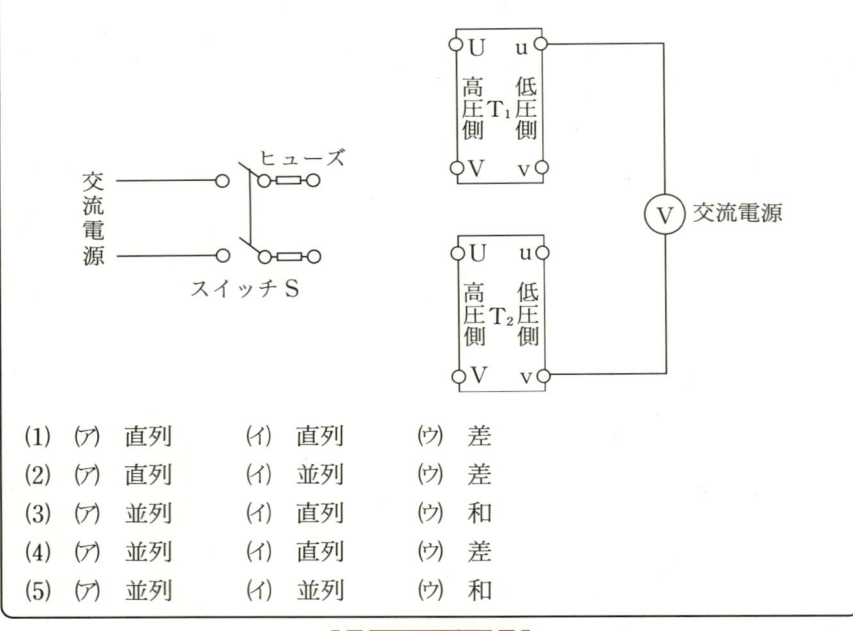

	(ア)		(イ)		(ウ)
(1)	直列		直列		差
(2)	直列		並列		差
(3)	並列		直列		和
(4)	並列		直列		差
(5)	並列		並列		和

┃┃┃重要項目┃┃┃

極性判定するときは，高圧側を並列，低圧側を直列接続して，低圧側電圧が
　　　和電圧の時　　同極性
　　　差電圧の時　　反対極性
となる。

2. 変圧器の試験

解説

変圧器の極性を確認するには，図のように結線します。図で，印加電圧の向きを矢印で表現します。高圧側は，VからUに向って電圧が印可されます。実線の矢印です。変圧器ですから，低圧側に電圧が，現れます。そして，巻線の極性が，同じ時は，vからuに向う電圧が現れます。よって，極性が同じ時は，低圧側に接続されている電圧計に，2台の変圧器の電圧が，加わり合うように測定されます。しかし，極性が，違う場合は，低圧側に現れる電圧が，点線の矢印の方向となります。そのため，低圧側の電圧は，逆向きとなります。そして，電圧計には，差の電圧として測定されます。

以上から，

　　　電圧が，和電圧の時　　同極性
　　　電圧が，差電圧の時　　反対極性

のように判定できます。

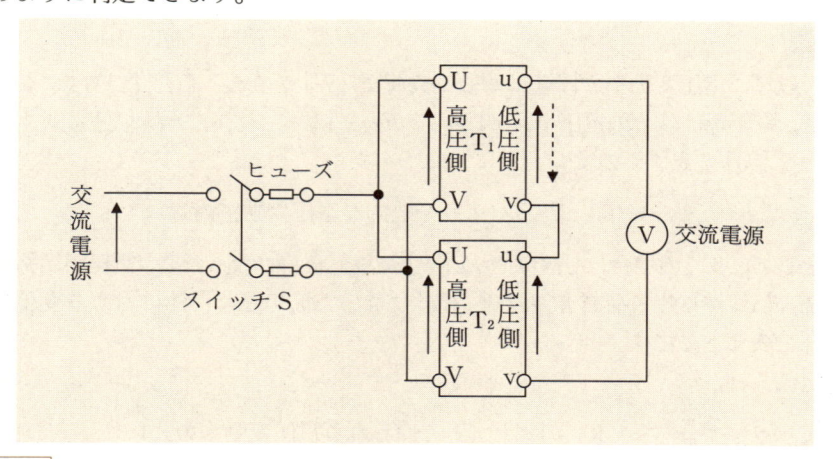

解法

解説にある結線とすることで極性を判定することができます。

すなわち，極性既知の変圧器 T_1 を用いて，被試験変圧器 T_2 の極性試験を解説の図のように機器配置として，接続します。高圧側端子は (ア)並列 に，低圧側端子は (イ)直列 に接続するのです。するとスイッチSを閉じ，電圧計Vの指示が各変圧器の低圧側の電圧の (ウ)和 であれば，T_2 は T_1 と同一極性となります。

よって，選択肢は，(3)となります。

正解　(3)

③. 変圧器の特性

この節で学ぶ事は，**変圧器の電圧変動率**です。電圧変動率は，変圧器にとって，重要な特性です。よく理解して下さい。

例題 定格二次電圧が 100 [V]，一次巻線と二次巻線との巻数比が 60：1 の単相変圧器がある。電圧変動率を 3 [%] とすると，定格負荷状態における一次電圧 [V] の値として，正しいのは次のうちどれか。
(1) 5,820　　(2) 6,180　　(3) 6,540　　(4) 6,600　　(5) 6,900

重要項目

電圧変動率 ε [%] の定義式は，

$$\varepsilon = \frac{E_{20} - E_{2n}}{E_{2n}} \times 100 \quad [\%]$$

解説

一般に，電圧変動率 ε [%] は，ある負荷 P_1 [W] からある負荷 P_2 [W] になった時，電圧がはじめの電圧 E_1 [V] から，E_2 [V] になった時の E_1 [V] に対する変化を [%] で表すものです。

$$\varepsilon = \frac{E_2 - E_1}{E_1} \times 100 \quad [\%] \quad (\text{より一般的な電圧変動率の式})$$

そして，多くの場合，定格負荷 P_n [W] から無負荷になった時，電圧が定格電圧 E_{2n} [V] から無負荷誘導電圧 E_{20} [V] になった時の E_{2n} [V] に対する変化を [%] で表すものです。

定義式は，

$$\varepsilon = \frac{E_{20} - E_{2n}}{E_{2n}} \times 100 \quad [\%] \quad (\text{よく使われる電圧変動率の式})$$

となります。

解法

電圧変動率 ε [%] は，二次側の無負荷誘導起電力を E_{20} [V]，定格二次電圧を E_{2n} [V] とすると，定義式

$$\varepsilon = \frac{E_{20} - E_{2n}}{E_{2n}} \times 100 \quad [\%]$$

となります。

定義式は，題意より**電圧変動率** $\varepsilon = 3$ [%]，二次側の**定格二次電圧** $E_{2n} = 100$ [V] として

3. 変圧器の特性

$$3 = \frac{E_{20} - 100}{100} \times 100 = E_{20} - 100 \quad [\%]$$

となります。

よって，無負荷誘導起電力 E_{20} [V] は，

$E_{20} = 100 + 3 = 103 \quad [V]$

ゆえに，求める一次電圧 E_{1n} [V] は，巻数比＝60 ですから，

$E_{1n} = 60 \times 103 = 6,180 \quad [V]$

となります。

よって，選択肢は，(2)となります。

正解 (2)

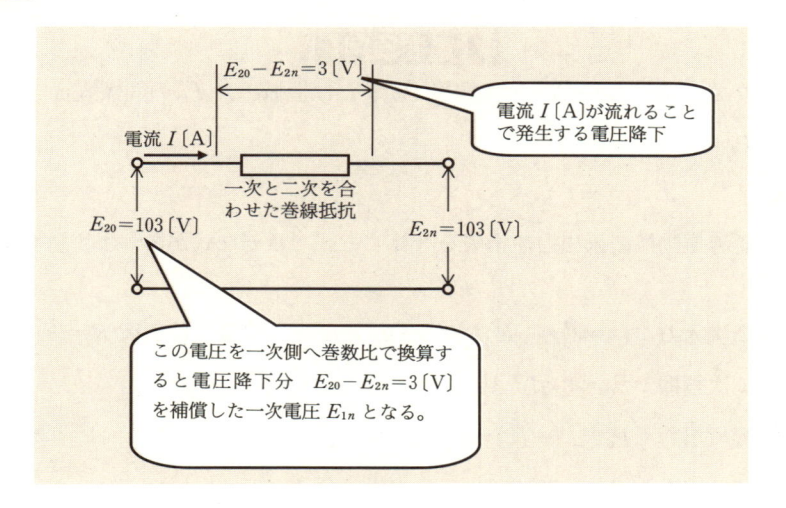

図中の説明：
- $E_{20} - E_{2n} = 3$ [V]
- 電流 I [A]が流れることで発生する電圧降下
- 電流 I [A]
- 一次と二次を合わせた巻線抵抗
- $E_{20} = 103$ [V]
- $E_{2n} = 103$ [V]
- この電圧を一次側へ巻数比で換算すると電圧降下分 $E_{20} - E_{2n} = 3$ [V] を補償した一次電圧 E_{1n} となる。

無負荷になると電圧が高くなるネ!!

第 4 章 誘導機

1. 等価回路

> この節で学ぶ事は，三相誘導電動機の**すべり** s と**二次入力** P_2，**二次銅損** P_c または**機械出力** P_o の関係式です。頻繁に使いますのでよく理解して下さい。

例題 三相誘導電動機が滑り 3 [%] で運転している。このとき，電動機の二次銅損が 147 [W] であるとすると，電動機の出力 [kW] の値として，正しいのは次のうちどれか。
ただし，機械損は無視するものとする。
(1) 4.2　　(2) 4.5　　(3) 4.8　　(4) 5.1　　(5) 5.4

重要項目

すべり s と二次入力 P_2，二次銅損 P_{c2} または機械出力 P_o の関係式

$$P_2 = \frac{P_o}{1-s} = \frac{P_{c2}}{s}$$

解説

三相誘導電動機の入出力や損失を計算する式で重要な式があります。次の3式です。

二次入力：$P_2 = 3(r_2 + R)I_2^2 = 3\dfrac{r_2}{s}I_2^2$ $\left(R \text{ は，}\textbf{等価抵抗負荷 } R = \dfrac{1-s}{s}r_2\right)$

二次銅損：$P_{c2} = 3r_2 I_2^2$

機械出力：$P_o = P_2 - P_{c2} = 3\dfrac{r_2}{s}I_2^2 - 3r_2 I_2^2 = 3\left(\dfrac{1-s}{s}\right)r_2 I_2^2$

この式は，次の式で，関連づけられます。

$$P_2 = \frac{P_o}{1-s} = \frac{P_{c2}}{s}$$

> I_2：二次電流
> r_2：二次一相の巻線抵抗
> s：すべり

すなわち，すべり s と二次入力 P_2，二次銅損 P_{c2} または機械出力 P_o のどれかが1つが解れば，残り全てが解ることを意味しています。

解法

誘導電動機で，滑りを s，二次入力を P_2，二次銅損を P_{c2}，二次出力を P_o とすると，次式が成立します。

$P_o = (1-s)P_2$

$P_{c2} = sP_2$

2式から，二次入力 P_2 を消去すると，

1. 等価回路

$$\frac{P_o}{1-s} = \frac{P_{c2}}{s}$$

二次出力を P_o について解くと

$$P_o = \frac{1-s}{s} P_{c2}$$

よって，各値を代入して

$$P_o = \frac{1-0.03}{0.03} \times 147 = 4,753 \approx 4,800 \quad [\text{W}]$$
$$= 4.8 \quad [\text{kW}]$$

となります。

よって，選択肢は，(3)となります。

正解 (3)

第4章 誘導機

二次入力 P_2 はここの入力

二次銅損 P_{c2} はここの損失

機械出力 P_o はここ

等価変圧器回路（一相分）

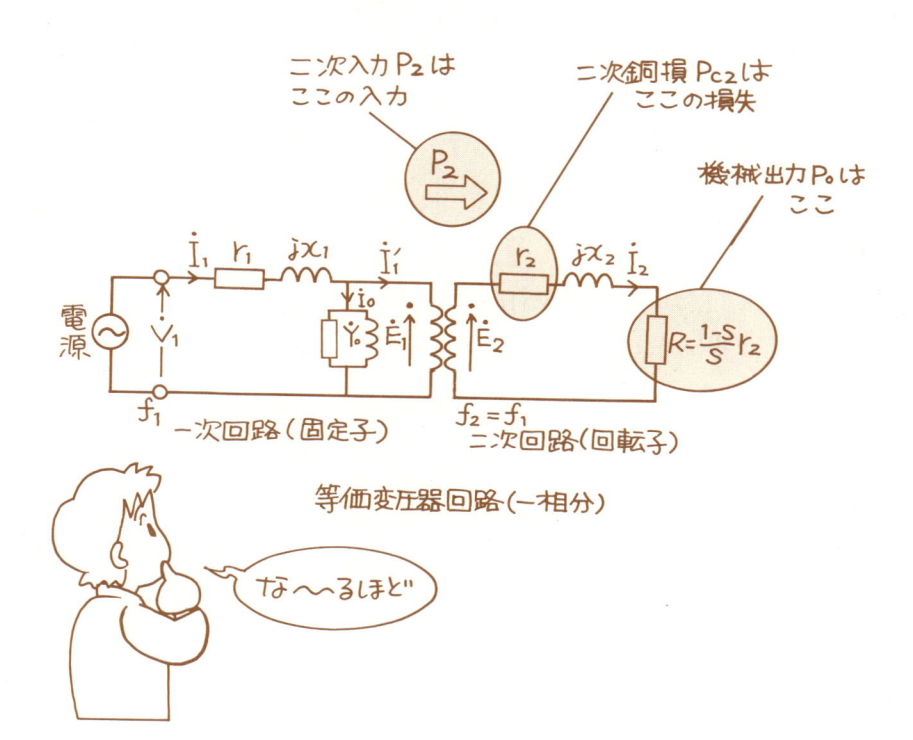

な〜るほど

②. 誘導電動機の回転磁界と回転子の相対速度

> この節で学ぶ事は，三相誘導電動機の**二次入力** P_2 [W]，**二次銅損** P_{c2} [W]，**機械出力** P_o [W] の比例式です。よく使われる重要公式です。

例題 定格出力 200 [kW]，定格電圧 3,000 [V]，周波数 50 [Hz]，8極のかご型三相誘導電動機がある。全負荷時の二次銅損は 6 [kW]，機械損は 4 [kW] である。この電動機の全負荷時の回転速度 [min^{-1}] として，正しいのは次のうちどれか。

ただし，定格出力は定格負荷時の機械出力（発生動力）から機械損を差し引いたものに等しいものとする。

(1) 714   (2) 721   (3) 729   (4) 736   (5) 750

重要項目

三相誘導電動機の**同期速度** N_{s0} [min^{-1}] は，

$$N_{s0} = \frac{120f}{p} \quad [\text{min}^{-1}]$$

三相誘導電動機の比例式

$$P_2 = \frac{P_{c2}}{s} = \frac{P_o}{1-s}$$

解説

三相誘導電動機の同期速度 N_{s0} [min^{-1}] は，

$$N_{s0} = \frac{120f}{p} \quad [\text{min}^{-1}]$$

で表されます。ここで，電源周波数 f，極数 p です。

また，三相誘導電動機の重要な式の1つとして，次の比例式

$$P_2 = \frac{P_{c2}}{s} = \frac{P_o}{1-s}$$

があります。ここで，二次入力 P_2 [W]，二次銅損 P_{c2} [W]，機械出力 P_o [W]，すべり s です。

本問の場合，上記の比例式を使って解きます。

解法

まず，この三相誘導電動機の同期速度 N_{s0} [min^{-1}] は，

$$N_{s0} = \frac{120f}{p} = \frac{120 \times 50}{8} = 750 \quad [\text{min}^{-1}]$$

となります。
　また，比例式
$$\frac{P_{c2}}{s} = \frac{P_o}{1-s}$$
から，すべり s について解くと，
$$(1-s)P_{c2} = sP_o$$
$$(P_o + P_{c2})s = P_{c2}$$
$$s = \frac{P_{c2}}{P_o + P_{c2}}$$
となります。よって，上式に各値を代入すれば，すべり s は，
$$s = \frac{6}{204+6} \fallingdotseq 0.0286$$
となります。
　ゆえに求める回転数 $N\,[\mathrm{min}^{-1}]$ は，
$$N = N_{s0}(1-s) = 750 \times (1-0.0286) \fallingdotseq 729\quad[\mathrm{min}^{-1}]$$
となります。
　よって，選択肢は，(3)となります。

正解 (3)

第 5 章　自動制御

1. 周波数伝達関数（1）

この節で学ぶ事は，周波数伝達関数の定義です。自動制御の基礎となる式ですから，必ず理解して下さい。

例題　図に示すR-C回路の入力信号 $E_i(j\omega)$ と出力信号 $E_o(j\omega)$ 間の周波数伝達関数

$$G(j\omega) = \frac{E_o(j\omega)}{E_i(j\omega)}$$ を表す式として，正しいのは次のうちどれか。

(1) $\dfrac{1}{1+j\omega CR}$　　(2) $\dfrac{j\omega CR}{1+j\omega CR}$　　(3) $\dfrac{1}{1-j\omega CR}$

(4) $\dfrac{j\omega CR}{1-j\omega CR}$　　(5) $\dfrac{1}{1+j\dfrac{R}{\omega C}}$

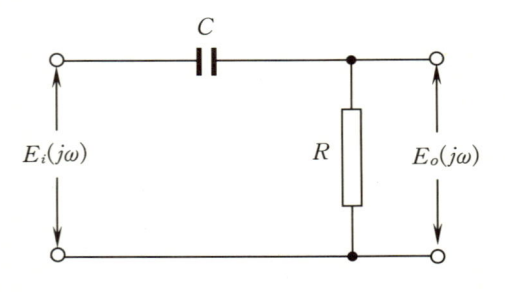

重要項目

周波数伝達関数の定義式

$$\text{周波数伝達関数 } G(j\omega) = \frac{\text{出力信号 } E_o(j\omega)}{\text{入力信号 } E_i(j\omega)}$$

解説

周波数伝達関数は，**入力信号**と**出力信号**の関係式として，次式で定義されています。

$$\text{周波数伝達関数 } G(j\omega) = \frac{\text{出力信号 } E_o(j\omega)}{\text{入力信号 } E_i(j\omega)}$$

ここで，入力信号 $E_i(j\omega)$ と出力信号 $E_o(j\omega)$ は，従来の電気回路の知識で導くことができます。そして，導いたそれぞれを定義式に入れて，周波数伝達関数を求めることができます。

導いた周波数伝達関数は，回路の**周波数特性**を調べるのに使われます。例え

ば，

$$\text{出力信号} = \text{周波数伝達関数} \times \text{入力信号} = \frac{\text{出力信号}}{\text{入力信号}} \times \text{入力信号} = \text{出力信号}$$

として，**周波数伝達関数**に**入力信号**をかけ算することで，**出力信号**を求めます。

|解法|

入力信号を $E_i(j\omega)$，出力信号を $E_o(j\omega)$ として，回路に流れる電流を $I(j\omega)$ とするとオームの法則から，次式が成立します。

$$E_i(j\omega) = \left(R + \frac{1}{j\omega C}\right) \cdot I(j\omega)$$

$$E_o(j\omega) = R \cdot I(j\omega)$$

よって，2式から，周波数伝達関数 $G(j\omega)$ は，

$$G(j\omega) = \frac{E_o(j\omega)}{E_i(j\omega)} = \frac{R \cdot I(j\omega)}{\left(R + \frac{1}{j\omega C}\right) \cdot I(j\omega)} = \frac{R}{R + \frac{1}{j\omega C}} = \frac{j\omega CR}{1 + j\omega CR}$$

となります。

よって，選択肢は，(2)となります。

正解 (2)

②. 周波数伝達関数（２）

この節で学ぶ事は，**位相遅れ回路**と，その周波数伝達関数です。自動制御の回路で，比較的よく出題される回路ですから，充分理解して下さい。

例題 図は，自動制御のサーボ系における定常特性を改善するために用いられる位相遅れ回路である。この周波数伝達関数は，

$$G_C(j\omega) = \frac{E_o(j\omega)}{E_i(j\omega)} = \frac{1+j\omega T_1}{1+j\omega T_2}$$

で表される。T_1 及び T_2 を回路定数で表したときの正しい値を組合わせたのは次のうちどれか。

(1) $T_1 = R_1 C_2$ $T_2 = R_2 C_2$
(2) $T_1 = (R_1 + R_2) C_2$ $T_2 = R_1 C_2$
(3) $T_1 = R_1 C_2$ $T_2 = (R_1 + R_2) C_2$
(4) $T_1 = R_2 C_2$ $T_2 = (R_1 + R_2) C_2$
(5) $T_1 = (R_1 + R_2) C_2$ $T_2 = R_2 C_2$

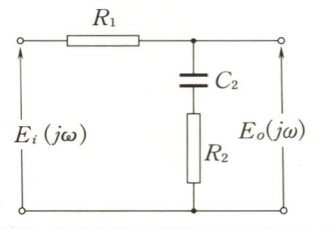

重要項目

周波数伝達関数は，

$$G_C(j\omega) = \frac{E_o(j\omega)}{E_i(j\omega)} = \frac{1+j\omega T_1}{1+j\omega T_2}$$

で表される。

解説

周波数伝達関数は，

$$G_C(j\omega) = \frac{E_o(j\omega)}{E_i(j\omega)} = \frac{1+j\omega T_1}{1+j\omega T_2}$$

で表されます。

そして，具体的な周波数伝達関数の求め方は，回路の計算を利用します。

入力信号電圧 $E_i(j\omega)$ が加わったとき，回路に流れる電流を求め，その電流によって得られる**出力信号電圧** $E_o(j\omega)$ がどのような式になるかを求めます。あとは，普通の計算問題です。

解法

右図のように電流 $I(j\omega)$ が流れているとします。

電流 $I(j\omega)$ は,
$$I(j\omega) = \frac{E_i(j\omega)}{(R_1+R_2)+\dfrac{1}{j\omega C_2}}$$

また, 出力信号電圧 $E_o(j\omega)$ は,
$$E_o(j\omega) = \left(R_2 + \frac{1}{j\omega C_2}\right) \cdot I(j\omega)$$
$$= \left(R_2 + \frac{1}{j\omega C_2}\right) \cdot \frac{E_i(j\omega)}{(R_1+R_2)+\dfrac{1}{j\omega C_2}}$$
$$= \frac{R_2 + \dfrac{1}{j\omega C_2}}{(R_1+R_2)+\dfrac{1}{j\omega C_2}} \cdot E_i(j\omega)$$

となります。

よって,
$$G_C(j\omega) = \frac{E_o(j\omega)}{E_i(j\omega)} = \frac{R_2 + \dfrac{1}{j\omega C_2}}{(R_1+R_2)+\dfrac{1}{j\omega C_2}}$$
$$= \frac{1+j\omega R_2 C_2}{1+j\omega(R_1+R_2)C_2} \quad \cdots\cdots\cdots\cdots(1)$$

となります。

ここで, 与式と(1)式を比較すると,
$T_1 = R_2 C_2$
$T_2 = (R_1+R_2)C_2$

となります。

ゆえに選択肢は, (4)となります。

正解 (4)

③. 単位ステップ応答

> この節で学ぶ事は，**一次遅れ要素**の**伝達関数**です。伝達関数の基礎になるのでしっかりと理解して下さい。

例題 図のようなステップ応答 $h(t)$ を示すプロセス系がある。このプロセス系の伝達関数として，正しいのは次のうちどれか。

(1) $G(s) = \dfrac{A}{B+s}$ (2) $G(s) = \dfrac{A}{1+Bs}$ (3) $G(s) = \dfrac{A}{1/B+s}$

(4) $G(s) = \dfrac{A}{1+s/B}$ (5) $G(s) = \dfrac{B}{1+As}$

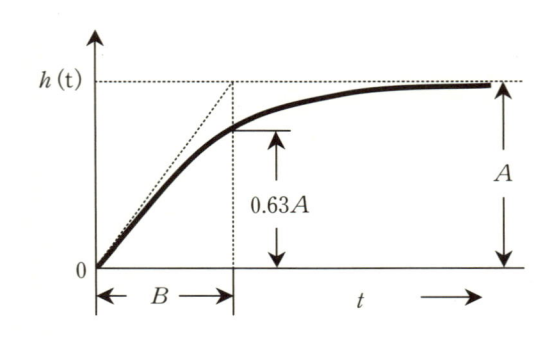

重要項目

一次遅れ要素の伝達関数は，

$$G(s) = \dfrac{K}{1+Ts}$$

となる。

解説

一次遅れ要素の伝達関数は，

$$G(s) = \dfrac{K}{1+Ts}$$

となります。

一次遅れ要素の伝達関数の式の形は，変らないので，簡単に，覚えることができます。

それでは，式を説明します。

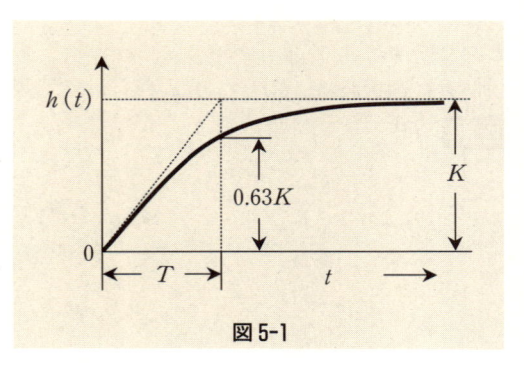

図 5-1

③ 単位ステップ応答

この式で，K は，**ゲイン定数**と言います。また，T は，**時定数**と言います。

一次遅れ要素で**ステップ応答**がどのようになるかというと，図5-1のようになります。すなわち，$t=0$ の時に $E_i=1$ の入力信号が入ると，出力信号 $h(t)$ は，徐々に上昇し $t=T$ の時に $h(T)=0.63K$ となります。そして，$h(t)$ は，更に時間と共に上昇し，$t=\infty$ において，$h(\infty)=K$ となります。

|解法|

問題の図から $t=B$ の時に $h(B)=0.63A$，$t=\infty$ において，$h(\infty)=A$ となりますので，ゲイン定数は A，時定数は B となります。よって，条件に当てはまる伝達関数は，(2)となります。

よって，選択肢は，(2)となります。

正解 (2)

第6章 照 明

1. 完全拡散面の輝度

この節で学ぶ事は，**光束発散度**と**輝度の公式**です。照明は，理解すると簡単な問題が多いので，取りこぼしの無いように理解しておきましょう。

例題 直径4 [cm]，長さ60 [cm] の完全拡散性の直管形放電灯があり，その軸と直角方向の光度は150 [cd] である。この放電灯の輝度 [cd/m²] として，正しいのは次のうちどれか。

(1)　1,990　　(2)　2,980　　(3)　4,520　　(4)　6,250　　(5)　7,830

重要項目

輝度 B [cd/m²] は

$$B = \frac{I}{A} \quad [\text{cd/m}^2]$$

解説

輝度 B [cd/m²] とは，「**ある方向の光源の輝き**」で，光度 I [cd] を見かけの面積 A [m²] で割ったものとなります。

$$B = \frac{I}{A} \quad [\text{cd/m}^2]$$

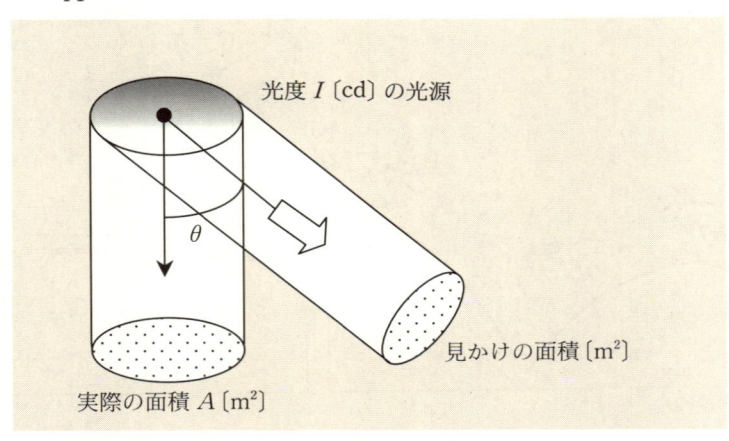

また，完全拡散面の場合で光源と角度 θ [度] である場合，見かけの面積は，見かけの面積 [m²] ＝実際の面積×$\cos\theta$ [m²] ですから，

$$B = \frac{I}{A\cos\theta} \quad [\text{cd/m}^2]$$

となります。

1. 完全拡散面の輝度

193

解法

この問題を図にすると，図 6-1 となります。

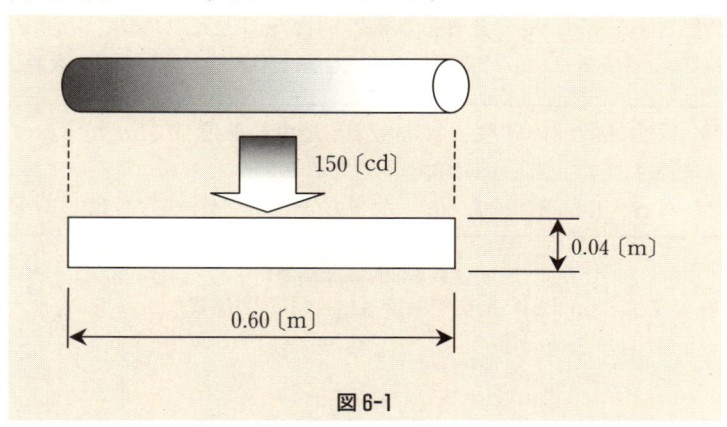

図 6-1

図で見るとおり，この**光源**は，軸と直角方向からみかけの面積 A [m²] は，常に同じで

$$A = 0.04 \times 0.60 = 2.4 \times 10^{-2} \quad [\text{m}^2]$$

となります。

よって，求める輝度 B [cd/m²] は，

$$B = \frac{150}{2.4 \times 10^{-2}} = 6{,}250 \quad [\text{cd/m}^2]$$

となります。

よって，選択肢は，(4)となります。

正解 (4)

②. 完全拡散面の光束発散度

この節で学ぶ事は，完全拡散面の**輝度** L [cd/m²] と光束発散度 M [lm/m²] との関係です。$M=\pi \cdot L$ という関係は，よく出題されます。しっかり覚えましょう。

例題 完全拡散面の輝度 L [cd/m²] と光束発散度 M [lm/m²] との関係を表す式として，正しいのは次のうちどれか。
(1) $M=4\pi L$ (2) $M=\pi L$ (3) $M=L/\pi$ (4) $M=\pi^2 L$ (5) $M=\pi/L$

重要項目

輝度 L [cd/m²] と，光束発散度 M [rlx] の関係式

$$M = \pi \cdot L$$

解説

完全拡散面と見なせる，すりガラスの球グローブ中に，光度 I [cd] の光源があるとします。この場合，光源がグローブ内にあるので，光は一様に外へ出ます。また，グローブが球形ですから，見かけの面積は，どの方向から見ても同じです。よって，輝度も一定です。

グローブの半径を R [m] とすると，輝度 L [cd/m²] は，

$$L = \frac{I}{\pi R^2} \text{ [cd/m}^2\text{]} \quad (\text{または，} I = \pi R^2 \cdot L)$$

また，グローブから発散される全光束 F [lm] は，球の立体角が 4π [sr] (sr：ステラジアンと読みます) ですから

$$F = 4\pi \times I$$

よって，光束発散度 M [rlx] (rlx：ラドルクスと読みます) は，

$$M = \frac{F}{4\pi R^2} = \frac{4\pi I}{4\pi R^2} = \frac{I}{R^2} = \pi \cdot L$$

となります。

この式　$M = \pi \cdot L$

は，非常に重要ですから，必ず覚えて下さい。

解法

解説から

$$M = \pi \cdot L$$

となります。よって，選択肢は，(2) となります。

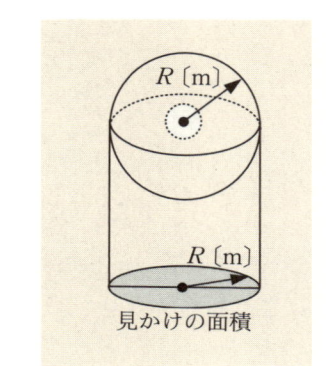

正解　(2)

③. HID ランプ

> この節で学ぶ事は，HID ランプです。これは，よく使うランプなので，HID ランプとは何なのかを，よく理解して下さい。

> **例題** 次に示す①〜⑦の光源のうち，HID ランプだけを組み合わせたものとして，正しいのは(1)から(5)までのうちどれか。
> ① 高圧水銀ランプ　　② 低圧ナトリウムランプ　③ ハロゲン電球
> ④ メタルハライドランプ　⑤ 高圧ナトリウムランプ
> ⑥ ネオンランプ　　　⑦ 高出力形蛍光ランプ
> (1) ①，④，⑤　　(2) ①，⑤，⑦　　(3) ①，②，④，⑤
> (4) ②，③，④，⑤　(5) ③，⑥，⑦

重要項目

HID ランプとは，**High Intensity Discharge** ランプの略語で，高輝度の**高圧放電灯**です。

解説

HID ランプとは，High Intensity Discharge ランプの略語です。そして，HID ランプは，高輝度の高圧放電灯です。
① 高圧水銀ランプ：HID ランプ
② 低圧ナトリウムランプ：低圧放電灯
③ ハロゲン電球：白熱ランプ
④ メタルハライドランプ：HID ランプ
⑤ 高圧ナトリウムランプ：HID ランプ
⑥ ネオンランプ：低圧放電灯
⑦ 高出力形蛍光ランプ：低圧放電灯

解法

解説にあるように，①，④，⑤が HID ランプですから，選択肢は，(1)となります。

正解 (1)

第 7 章　電　熱

1. 熱量の計算

> この節で学ぶことは，熱量と電力量の計算です。熱量計算をどの様に計算するかと，**電力量への換算**方法を学びます。

例題　1気圧で20 [℃] の水 5.6 [*l*] を一定の割合で加熱し，4時間で全ての水を蒸発させるには，何キロワットの電熱装置を必要とするか。正しい値を次のうちから選べ。ただし，水の蒸発熱を 2,260 [kJ/kg] とし，また，電熱装置の効率を 70 [%] とする。

(1) 0.19　　(2) 1.2　　(3) 1.4　　(4) 1.8　　(5) 2.1

重要項目

水の蒸発に必要な電力量計算は，次の3段階で
　　1段階目：温度 T [℃] の水から，100 [℃] へのお湯にする熱量計算
　　2段階目：100 [℃] のお湯を蒸発させる熱量計算
　　3段階目：熱量を電力量にする計算

解説

水を蒸発させる時の電力量計算は，3段階で計算する必要があります。1段階目は，V [*l*] の水の温度 T [℃] から，100 [℃] のお湯にするための必要熱量の計算です。2段階目は，100 [℃] のお湯を蒸発させるための必要熱量の計算です。最後の3段階目は，全必要熱量を電力量にする計算です。

　　1段階目：温度 T [℃] の水から，100 [℃] へのお湯にする熱量計算
　　2段階目：100 [℃] のお湯を蒸発させる熱量計算
　　3段階目：熱量を電力量にする計算

ただし，本問の場合は，4時間で蒸発させる電力とあります。ですから，4時間で，全体を割っておけば，1時間当りの電力量，すなわち必要電力になります。また，**水の蒸発熱** 2260 [kJ/kg] は，今回数値として，与えてありますが，覚えていた方がよい値です。

解法

1気圧で 20 [℃] の水 5.6 [*l*] を 100 [℃] のお湯にするのに必要な熱量 W_1 [kJ] は，

$$W_1 = 5.6 \times (100 - 20) \times 4.2 = 1,881.6 \quad [\text{kJ}]$$

となります。（ここで，4.2 [J] = 1 [cal] または 4.2 [kJ] = 1 [kcal] です）

次に，100 [℃] のお湯を全て蒸気として蒸発させるのに必要な熱量 W_2 [kJ] は，

$$W_2 = 5.6 \times 2,260 = 12,656 \quad [kJ]$$

となります。

よって，必要な全熱量 W [kJ] は，

$$W = W_1 + W_2 = 1,881.6 + 12,656 = 14,537.6 \quad [kJ]$$

となります。

よって，電熱装置の効率が 70 [％] ですから，必要な電熱装置の電力 P [kW] は，

$$P = \frac{W}{60 \times 60 \times 4 \times 0.7} = \frac{14,537.6}{3,600 \times 4 \times 0.7} \fallingdotseq 1.44 \quad [kW]$$

となります。（ここで，分母は，60 秒×60 分× 4 時間×70％ です）

よって，選択肢は，(3)となります。

正解 (3)

2. 熱の流れとオームの法則

> この節で学ぶ事は，熱計算とオームの法則です。電気のオームの法則を熱計算に応用する方法を学びます。

例題 電気炉の壁の外面に垂直に小穴をあけ，温度計を挿入して壁の外面から 10 [cm] と 30 [cm] の箇所で壁の内部温度を測定したところ，それぞれ 72 [℃] と 142 [℃] の値が得られた。炉壁の熱伝導率を 0.94 [W/(m・k)] とすれば，この炉壁からの単位面積当たりの熱損失 [W/m²] の値として，正しいのは次のうちどれか。

ただし，壁面に垂直な方向の温度こう配は一定とする。

(1) 3.29　　(2) 14.9　　(3) 165　　(4) 329　　(5) 1,490

重要項目

電気と熱の相似性
熱のオームの法則

解説

熱流を計算する時は，多くの場合，熱のオームの法則を使います。これは，熱計算が，電気計算と類似していて，同じように計算すると，良く合うからです。熱と，電気の対比表を書くと次のようになります。

電気		熱	
導電率	σ：[S/m]	熱伝導率 λ：[W/(m・K)]	
抵抗	R：[Ω]	熱抵抗	R：[K/W]
電流	I：[A]	熱流	Q：[W]
電位差	V：[V]	温度差	θ：[K]

また，電気の公式と熱の公式を比較すると，

電気の公式	熱の公式
抵抗 $R = \dfrac{l}{\sigma A}$　[Ω]	熱抵抗 $R = \dfrac{l}{\lambda A}$　[K/W]
電流 $I = \dfrac{V}{R}$　[A]	熱流 $Q = \dfrac{\theta}{R}$　[W]

となります。

解法

電気炉の炉壁の**熱抵抗**を計算する公式は，解説より次式となります。

$$R = \frac{l}{\lambda A} \quad [\text{K/W}]$$

ここで，λ：炉壁の**熱伝導率** ［W/(m・K)］
　　　　l：炉壁の厚さ　［m］
　　　　A：炉壁の面積　［m²］

ですが，単位面積当りの熱損失を求めているので $A=1$ ［m²］として，各値を代入すると，

$$R = \frac{l}{\lambda A} = \frac{0.3 - 0.1}{0.94 \times 1} = \frac{0.2}{0.94} = \frac{10}{47} \quad [\text{W/(m・K)}]$$

となります。

次に，**熱のオームの法則**から，温度差 $\theta = 142 - 72 = 70$ ［K］での**熱損失** q ［W/m²］を求めると，

$$q = \frac{\theta}{R} = \frac{142 - 72}{\frac{10}{47}} = 329 \quad [\text{W/m}^2]$$

となります。

よって，選択肢は，(4)となります。

正解 (4)

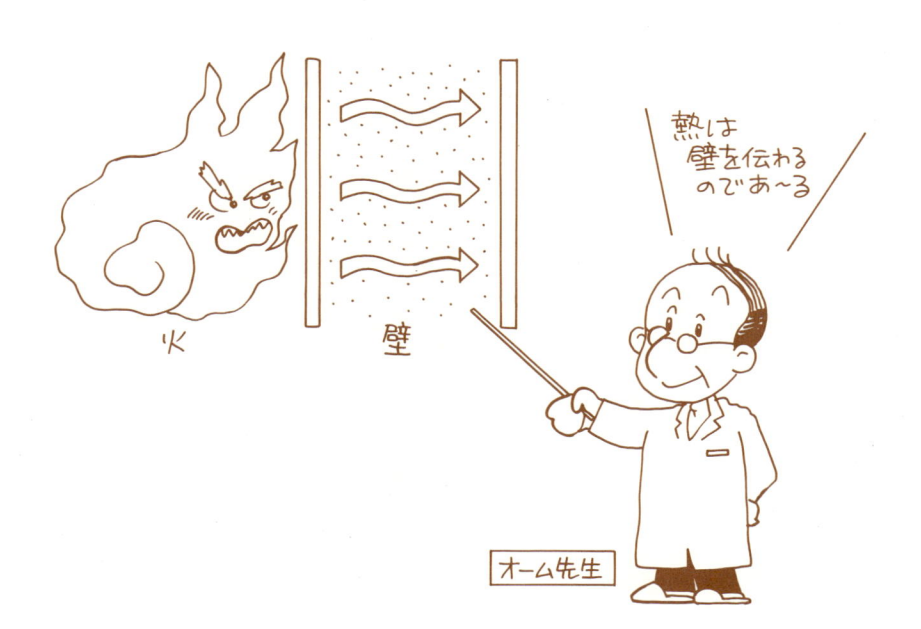

③. 電気加熱の種類

> この節で学ぶことは，電気炉の種類です。電気炉は，制御性の良さから，工場でよく使われ，試験にもよく出ますので充分理解して下さい。

例題 次の抵抗炉のうち，直接式抵抗炉として，正しいのはどれか。
(1) 黒鉛化炉　　(2) ニッケルクローム発熱体炉
(3) タンマン炉　(4) クリプトール炉　　(5) 塩溶炉

重要項目

工業炉として使われる電気炉の加熱方式は，6種類

解説

電気加熱には，加熱方式によって，次の6種類がある。参考までに電気炉の種別を記したが，純粋に一つの方式で加熱している電気炉はなく，厳密に分類できない（下記以外に誘電加熱などがあるが，工業炉から除いた）。

加熱方式		電気炉の種別
抵抗加熱	直接式抵抗炉	黒鉛化炉
	間接式抵抗炉	ニッケルクローム発熱体炉 タンマン炉 クリプトール炉 塩溶炉
アーク加熱	直接式アーク炉	シェーンヘル炉
	間接式アーク炉	揺動式アーク炉
誘導加熱	直接式誘導炉	低周波るつぼ形炉
	間接式誘導炉	一部の高周波誘導炉

解法

黒鉛化炉は，右図のような構造をしています。

用途は，炭素電極を黒鉛化するために使われます。

構造は簡単で，耐火煉瓦に電極を取付けます。

取付けた電極間に黒鉛化する炭素電極とコーク

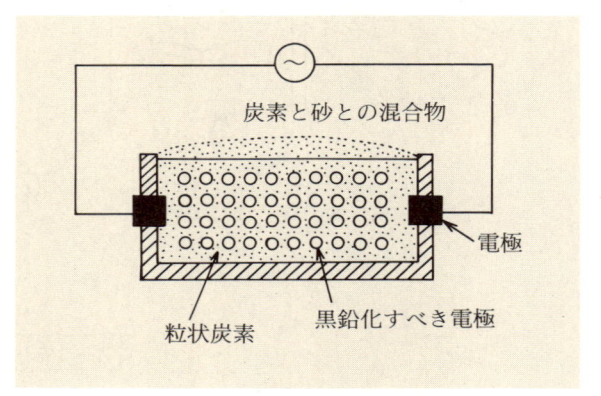

スまたは，電極屑を敷詰めます。上部は，炭素と砂の混合物で覆っておきます。そして，電極間に単相交流を印可します。印可された単相交流によって，炉内の炭素電極及び粒状炭素に電流が流れます。この電流によって，抵抗発熱が発生し加熱されます。電流が流れる抵抗の値は，非常に小さなものとなります。また，炉の容量は，1,000～6,000 kV・Aで，電圧が，100 V 程度です。

　よって，選択肢は，(1)となります。

正解　(1)

第8章　電気化学

1. 一次電池・二次電池

この節で学ぶ事は，**ファラデーの法則**を利用して，化学反応をどの様に計算するかです。出題形式が，ワンパターンなのでよく理解しておきましょう。

例題　ニッケル・カドミウム蓄電池の放電反応は，次の式で表される。
$$Cd + 2NiOOH + 2H_2O \rightarrow Cd(OH)_2 + 2Ni(OH)_2$$
いま，この電池のカドミウムが 11.2 [g] 放電したとき，得られる電気量 [A・h] として，正しいのは次のうちどれか。ただし，カドミウムの原子量は 112，ファラデー定数は 26.8 [A・h/mol] とする。

(1) 1.19　　(2) 2.68　　(3) 5.36　　(4) 10.4　　(5) 26.8

重要項目

ファラデー定数　　26.8 [A・h/mol] = 96,500 [C/mol]

ファラデーの法則　$M = KIt = \dfrac{1}{F} \cdot \dfrac{m}{n} It$　[g]

解説

電気化学で，一番重要な法則が，ファラデーの法則です。そして，その時に使われる定数が，ファラデー定数です。

まず，ファラデー定数から説明します。

26.8 [A・h/mol] = 96,500 [C/mol]

これが，ファラデー定数です。この数値は，次の計算式から求められます。

電気素量 $(1.6 \times 10^{-19}) \times (6.02 \times 10^{23}) \fallingdotseq 96,500$

（この 6.02×10^{23} 個の数をアボガドロ数と言います）

また，96,500 [C] を 1 [F：ファラッドと読む] とも言います。

次に，ファラデーの法則は，次式で示されます。

$$M = KIt = \dfrac{1}{F} \cdot \dfrac{m}{n} It \quad [g]$$

ここで，M：電気分解による析出量 [g]
　　　　K：**電気化学当量** [g/C]　　I：通過電流 [A]
　　　　t：通過時間 [s]　　　　　F：ファラデー定数
　　　　m：**原子量**　　　　　　n：**原子価**

さて，このファラデーの法則は，物質の原子量と原子価が解れば，電気分解による**析出量**を計算できることを意味します。

1. 一次電池・二次電池

解法

まず，カドミウム 11.2 [g] は，何**モル**になるかを計算します。カドミウムの原子量は，112 ですから，112 [g] が，1 モルです。よって，カドミウムのモル数は，

$$\frac{11.2}{112} = 0.1 \ [\mathrm{mol}]$$

となります。

また，ニッケル・カドミウム蓄電池の放電反応から，カドミウム 1 個に対して 2 個の電子が，移動します。

よって，移動する電子のモル数は，

$$\frac{11.2}{112} \times 2 = 0.2 \ [\mathrm{mol}]$$

となります。

ゆえに，発生する電気量は，

$$26.8 \times 0.2 = 5.36 \ [\mathrm{A \cdot h}]$$

となります。

よって，選択肢は，(3)となります。

正解 (3)

2. ファラデーの法則

この節で学ぶ事は，ファラデーの法則です。1 [F] の電荷量で電極に析出する量が，**グラム当量**に等しいことを理解して下さい。

例題 銅の原子量を z とするとき，銅イオン Cu^{2+} を含む溶液に電流を流して，負極に z [g] の銅 Cu を析出するのに必要な電荷量 [C] の値として，正しいのは次のうちどれか。

ただし，1 ファラデーは 9.65×10^4 [C/mol] で，電流効率は 100 [%] とする。

(1) 26.8　　(2) 53.6　　(3) 4.82×10^4
(4) 9.65×10^4　　(5) 1.93×10^5

重要項目

1 ファラデーの電荷量で電極に析出する量は，グラム当量分

解説

電気化学の計算で覚えておく事は，

原子価：原子どうしが結合するための手の数
原子量：原子の重さを表す量
分子量：分子の重さを表す量
モ　ル：1 モルは，6.02×10^{23} 個の数（この数をアボガドロ数と言います）
ファラデー：1 ファラデーは，1 [F] $= 9.65 \times 10^4$ [C/mol] $= 26.8$ [A·h/mol]
化学当量：$\dfrac{原子量}{原子価}$ の値
グラム当量：化学当量にグラムの単位を付けた値

です。

これらによって，電極に析出する銅量に必要な電荷量を計算します。

解法

銅イオンが Cu^{2+} ですから，原子価は，2 となります。
また，銅の原子量が z ですから，銅 Cu の化学当量は，

$$化学当量 = \frac{z}{2}$$

となります。

よって，1 ファラデー $= 9.65 \times 10^4$ [C/mol] で，析出する銅 Cu の量は，

析出する銅 Cu の量＝化学当量＝$\dfrac{z}{2}$

となります。

　ゆえに，z [g] の銅 Cu を負極に析出するのに必要な電荷量 Q [C] の値は，

$$Q = 2 \times 9.65 \times 10^4 \fallingdotseq 1.93 \times 10^5$$

となります。

　以上から，選択肢は，(5)となります。

正解　(5)

第9章 電動力応用

1. 揚水ポンプ用電動機の所要出力

この節で学ぶことは，揚水ポンプ用電動機の所要出力を計算する公式です。水力発電の公式とほぼ同じですので，まとめて覚えましょう。

例題 電動機出力 7.5 [kW]，効率 70 [%] の電動ポンプで，揚程 10 [m]，容積 150 [m³] のタンクに満水になるまで水を汲み上げるとき，何分かかるか。正しい値を次のうちから選べ。ただし，総揚程は，実揚程の 1.1 倍とする。

(1) 47.3　　(2) 51.4　　(3) 59.7　　(4) 63.6　　(5) 68.5

重要項目

揚水ポンプの公式

$$P_M = \frac{9.8QH}{\eta_M} \quad [\text{kW}]$$

解説

揚水ポンプの公式は，**水力発電の公式**とほぼ同じです。

まず，水力発電の公式を書くと

$$P_G = 9.8QH\eta_W \quad [\text{kW}]$$

この式に対して，揚水ポンプの公式は，

$$P_M = \frac{9.8QH}{\eta_M} \quad [\text{kW}]$$

となります。違いは，効率 η_M が，分母に来ていることです。

解法

問題を図にすると，右図となる。

総揚程 H [m] は，

$$H = 10 \times 1.1 = 11 \quad [\text{m}]$$

です。

さて，公式

$$P_M = \frac{9.8QH}{\eta_M} \quad [\text{kW}] \cdots\cdots(1)$$

を利用して解きます。

(1)式から，流量 Q [m³/s] について解くと，

$$Q = \frac{\eta_M P_M}{9.8H} \quad [\text{m}^3/\text{s}]$$

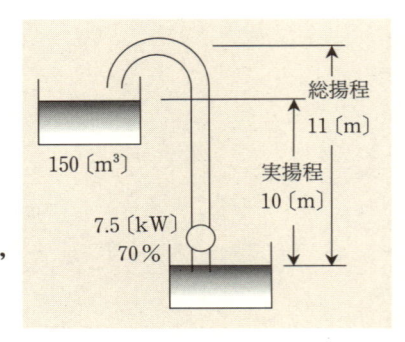

この式に，**総揚程** $H=11\,[\text{m}]$，電動機出力 $P_M=7.5\,[\text{kW}]$，効率 $\eta_M=70\,[\%]$ を代入すると，

$$Q=\frac{\eta_M P_M}{9.8H}=\frac{0.7\times 7.5}{9.8\times 11}=0.0487\quad[\text{m}^3/\text{s}]$$

となります。この流量 $Q\,[\text{m}^3/\text{s}]$ で，容積 $V=150\,[\text{m}^3]$ のタンクに満水になる時間 $t\,[\text{min}]$ まで水を汲み上げるのですから，

$$t=\frac{V}{60Q}=\frac{150}{60\times 0.0487}\fallingdotseq 51.4\quad[\text{min}]$$

となります。

よって，選択肢は，(2)となります。

正解 (2)

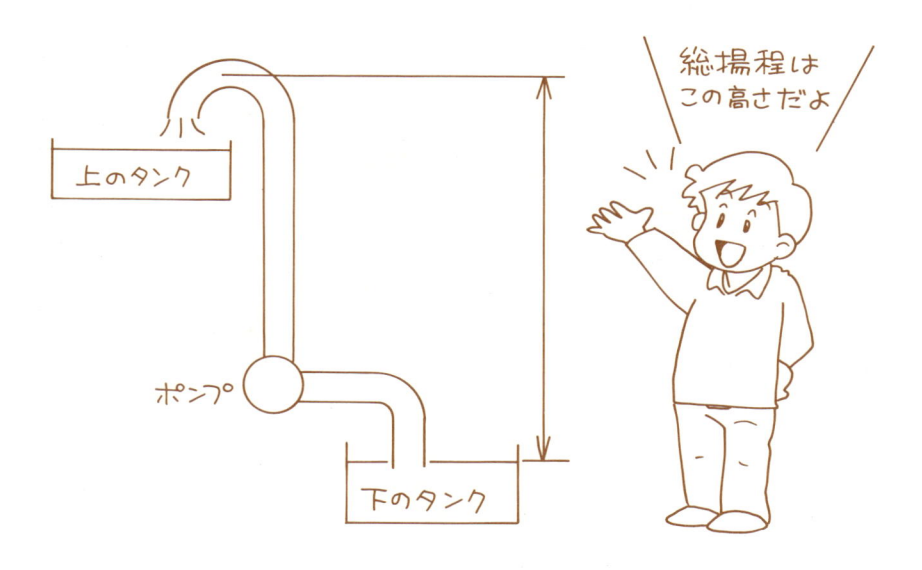

2. 送風機・通風機用電動機の所要出力

> この節で学ぶことは，**送風機負荷**の特性です。類似問題が出題されたとき，各諸量の関係を思い出して，回答して下さい。

例題 送風機の運転において，吐出される空気に対する機械的な抵抗を無視すれば，風速は送風機の回転数に比例する。その結果，風量は回転速度の ア 乗に比例し，単位体積当りの風の運動エネルギーは回転速度の イ 乗に比例することとなり，送風機駆動用電動機の所要動力は回転速度の ウ 乗に比例することとなる。

上記の記述中の空白箇所(ア)，(イ)及び(ウ)に記入する数値として，正しいものを組合わせたのは次のうちどれか。

	(ア)	(イ)	(ウ)
(1)	1	1	2
(2)	1	2	3
(3)	1	3	4
(4)	2	1	3
(5)	2	2	4

重要項目

送風機負荷は，$P \propto N^3$ と $T \propto E \propto Q^2 \propto V^2 \propto N^2$ の関係がある。

解説

送風機の各諸量の関係式は，下記となります。

	回転速度 N	風速 V	風量 Q	運動エネルギー E	所要トルク T	所要動力 P
回転速度 N		$N \propto V$	$N \propto Q$	$N \propto E^{\frac{1}{2}}$	$N \propto T^{\frac{1}{2}}$	$N \propto P^{\frac{1}{3}}$
風速 V	$V \propto N$		$V \propto Q$	$V \propto E^{\frac{1}{2}}$	$V \propto T^{\frac{1}{2}}$	$V \propto P^{\frac{1}{3}}$
風量 Q	$Q \propto N$	$Q \propto V$		$Q \propto E^{\frac{1}{2}}$	$Q \propto T^{\frac{1}{2}}$	$Q \propto P^{\frac{1}{3}}$
運動エネルギー E	$E \propto N^2$	$E \propto V^2$	$E \propto Q^2$		$E \propto T$	$E \propto P^{\frac{2}{3}}$
所要トルク T	$T \propto N^2$	$T \propto V^2$	$T \propto Q^2$	$T \propto E$		$T \propto P^{\frac{2}{3}}$
所要動力 P	$P \propto N^3$	$P \propto V^3$	$P \propto Q^3$	$P \propto E^{\frac{3}{2}}$	$P \propto T^{\frac{3}{2}}$	

2. 送風機・通風機用電動機の所要出力　209

覚え方としては，$P \propto N^3$ と $T \propto E \propto Q^2 \propto V^2 \propto N^2$ の2式を覚えると良いでしょう。

|解法|

　送風機の運転において，吐出される空気に対する機械的な抵抗を無視すれば，風速は送風機の回転数に比例する。その結果，風量は回転速度の$\boxed{1}$乗に比例し，単位体積当りの風の運動エネルギーは回転速度の$\boxed{2}$乗に比例することとなり，送風機駆動用電動機の所要動力は回転速度の$\boxed{3}$乗に比例することとなる。

　よって，選択肢は，(2)となります。

|正解|　(2)

第10章 パワーエレクトロニクス

1. 整流回路の電圧

この節で学ぶことは，**サイリスタ**の**点弧角** α と出力電圧です。サイリスタの出力電圧を求めるときに必ず使う式ですから，必ず覚えて下さい。

例題 整流器用変圧器の直流側の線間電圧が E [V] である三相ブリッジ整流回路では，E [V] の正弦波電圧の最大値を中心として60度の範囲の電圧波形が交流の1サイクル中に (ア) 回繰り返して負荷に加わるので，その直流電圧平均値は，星形接続の直流巻線の相電圧が (イ) [V] である場合の六相半波整流回路の直流電圧平均値と同じ値となり，その大きさは，制御遅れ角が0度の場合には (ウ) [V] となる。

上記の記述中の空白箇所(ア)，(イ)及び(ウ)に記入する数値として，正しいものを組み合わせたのは次のうちどれか。

(1) (ア) 6 (イ) $E/\sqrt{3}$ (ウ) $0.78E$
(2) (ア) 3 (イ) E (ウ) $1.17E$
(3) (ア) 6 (イ) E (ウ) $1.35E$
(4) (ア) 3 (イ) $\sqrt{3}E$ (ウ) $1.41E$
(5) (ア) 6 (イ) $\sqrt{3}E$ (ウ) $1.65E$

重要項目

サイリスタの六相半波整流回路または三相ブリッジ整流回路の出力電圧は
$$E_a = 1.35 E \cos \alpha$$

解説

六相半波整流回路と三相ブリッジ整流回路を図で示すと，図10-1及び図10-2となります。さて，六相半波整流回路と三相ブリッジ整流回路は，直流出力が，同じ $E_a = 1.35 E \cos \alpha$ になります。

そして，制御角 α が $\alpha = 0$ の時
$$E_a = 1.35 E$$
となります。

①. 整流回路の電圧

図 10-1

図 10-2

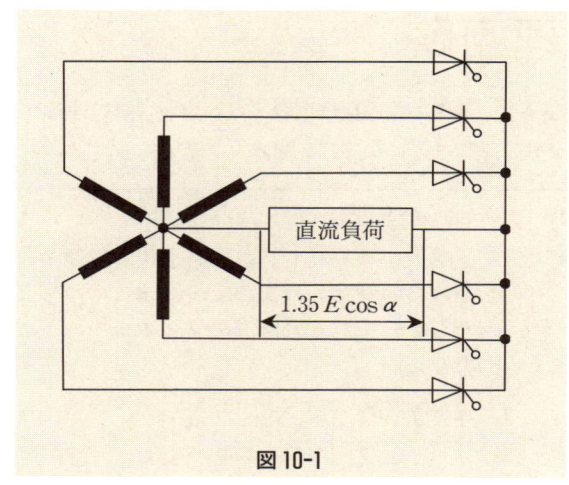

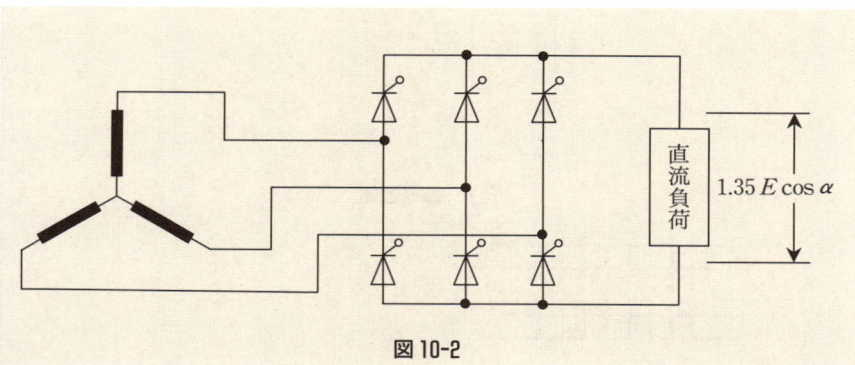

解法

　整流器用変圧器の直流側の線間電圧が E [V] である**三相ブリッジ整流回路**では，E [V] の正弦波電圧の最大値を中心として 60 度の範囲の電圧波形が交流の1サイクル中に (ア) 6 回繰り返して負荷に加わるので，その直流電圧平均値は，星形接続の直流巻線の相電圧が (イ) E [V] である場合の**六相半波整流回路**の直流電圧平均値と同じ値となり，その大きさは，**制御遅れ角**が 0 度の場合には (ウ) $1.35E$ [V] となる。

　よって，選択肢は，(3)となります。

正解　(3)

第 11 章　情報処理

1. 論理回路

> この節で学ぶ事は，**論理回路**と**真理値表**です。論理回路を理解するには，真理値表を覚える必要があります。しっかり覚えて下さい。

例題　図1のような論理回路がある。いま入力信号 A, B として図2のタイムチャートに示す波形を加えたとき，現れる出力信号 C, D の波形として，正しいものを組み合わせたのは次の(1)〜(5)までのうちどれか。ただし，(ア)，(イ)，(ウ)，(エ)及び(オ)はそれぞれ図3のタイムチャートの(ア)から(オ)までの波形を示すものとする。

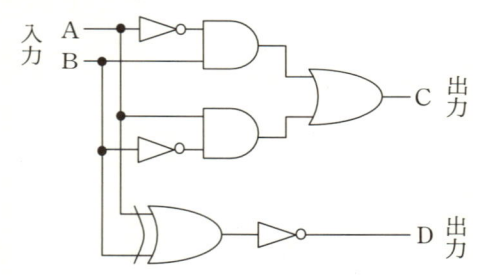

図1　論理回路

図2

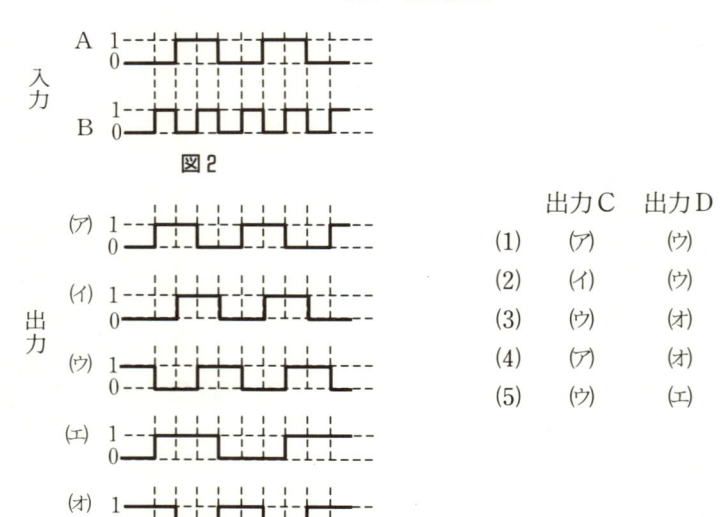

図3

	出力C	出力D
(1)	(ア)	(ウ)
(2)	(イ)	(ウ)
(3)	(ウ)	(オ)
(4)	(ア)	(オ)
(5)	(ウ)	(エ)

①. 論理回路

▮▮重要項目▮▮

論理回路と，**真理値表**の対応を覚えること。

解説

論理回路には，次のような物があります。

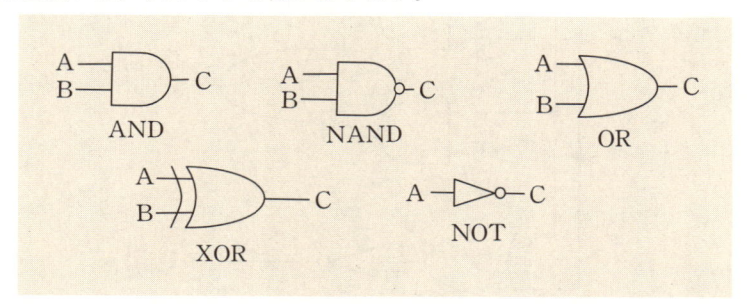

（AND，NAND，OR，XOR，NOT の論理回路図）

それぞれの，入出力を考える時に，真理値表というのを書きます。真理値表は，入力と出力の対応表です。

各論理回路の真理値表を以下に示します。

AND

入力		出力
A	B	C
0	0	0
0	1	0
1	0	0
1	1	1

NAND

入力		出力
A	B	C
0	0	1
0	1	1
1	0	1
1	1	0

OR

入力		出力
A	B	C
0	0	0
0	1	1
1	0	1
1	1	1

XOR

入力		出力
A	B	C
0	0	0
0	1	1
1	0	1
1	1	0

NOT

入力	出力
A	C
0	1
1	0

解法

図11-1のように A〜I を定めます。

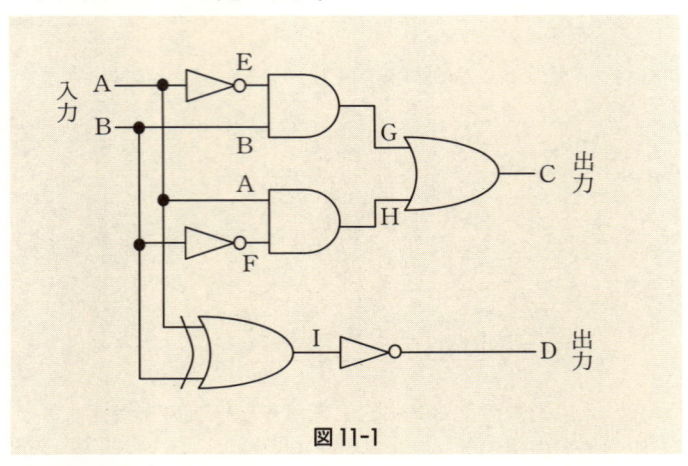

図11-1

次に，**真理値表**を書くと表11-1になります。

表11-1

A	B	E	F	G	H	C	I	D
0	0	1	1	0	0	0	0	1
0	1	1	0	1	0	1	1	0
1	0	0	1	0	1	1	1	0
1	1	0	0	0	0	0	0	1

表11-1から，出力信号 C は，A・B 入力信号が同じ時，"0"，違う時は，"1"です。この条件に合う選択肢は，(ｱ)です。また，出力信号 D は，A・B 入力信号が同じ時，"1"，違う時は，"0"です。この条件に合う選択肢は，(ｳ)です。

よって，解答の選択肢は，(1)となります。

正解 (1)

②. プログラム言語

この節で学ぶ事は，プログラムの解析の仕方です。理解すると，簡単に解ける問題なので，点数を稼ぐ問題にして下さい。

例題 10都市の都市名Aと各都市の1月の使用電力量D(K, 1) 2月の使用電力量D(K, 2)及び3月の使用電力量D(K, 3)の3ヶ月の使用電力量を読み，都市別の合計使用電力量の値D(K, 4)と，その少ない順の順位D(K, 5)を求める次のようなプログラムがある。

ただし，順位は1～10の数値とする。

BASIC言語
```
100 DIM A$(10),D(10,5)
110 FOR K=1 TO 10
120 READ A$(K)
130 FOR J=1 TO 3
140 READ D(K,J)
150 NEXT J,K
160 FOR K=1 TO 10
170 D(K,4)=0
180 FOR J=1 TO 3
190 (ア)
200 NEXT J,K
210 FOR K=1 TO 10
220 (イ)
230 FOR M=1 TO 10
240 IF (ウ) THEN D(K,5)
    =D(K,5)+1
250 NEXT M,K
以下省略
```

FORTRAN言語
```
      INTEGER D
      DIMENSION D(10,5)
      NCHARACTER A(10)*5
      DO 10 K=1,10
      READ(5,*)A(K),(D(K,J),J=1.3)
   10 CONTINUE
      DO 20 K=1,10
      D(K,4)=0
      DO 20 J=1,3
      (ア)
   20 CONTINUE
      DO 30 K=1,10
      (イ)
      DO 30 M=1,10
      IF( (ウ) )THEN
      D(K,5)=D(K,5)+1
      END IF
   30 CONTINUE
以下省略
```

このプログラムの空白箇所(ア)，(イ)及び(ウ)に記入する式として，正しいものを組合わせたのは次のうちどれか。

BASIC 言語

	(ア)	(イ)	(ウ)
(1)	D(K,J)=D(K,4)+D(J,K)	D(K,5)=0	D(K,4)>D(M,4)
(2)	D(K,4)=D(K,4)+D(K,J)	D(K,5)=1	D(K,4)<D(M,4)
(3)	D(K,J)=D(K,4)+D(K,J)	D(K,5)=0	D(K,4)<D(M,4)
(4)	D(K,4)=D(K,4)+D(K,J)	D(K,5)=1	D(K,4)>D(M,4)
(5)	D(K,4)=D(K,4)+D(K,J)	D(K,5)=0	D(K,4)>D(M,4)

FORTRAN 言語

	(ア)	(イ)	(ウ)
(1)	D(K,J)=D(K,4)+D(J,K)	D(K,5)=0	D(K,4).GT.D(M,4)
(2)	D(K,4)=D(K,4)+D(K,J)	D(K,5)=1	D(K,4).LT.D(M,4)
(3)	D(K,J)=D(K,4)+D(K,J)	D(K,5)=0	D(K,4).LT.D(M,4)
(4)	D(K,4)=D(K,4)+D(K,J)	D(K,5)=1	D(K,4).GT.D(M,4)
(5)	D(K,4)=D(K,4)+D(K,J)	D(K,5)=0	D(K,4).GT.D(M,4)

■■|重要項目|■■

プログラムは，
　1．**ブロック**に分けて考える
　2．**ループ条件，初期設定**，作業内容で解析する。

|解説|

　プログラムの問題を解くコツは，プログラムをブロックに分けることです。
　この問題の場合は，BASIC 言語で説明しますと，下の①～⑥のように FOR ～NEXT 文でブロックにします。⑦～⑫のループ条件と⑬，⑭の初期設定，⑮の作業内容からプログラムを調べていきます。

```
100 DIM A$(10),D(10,5)
110 FOR K=1 TO 10        ← ⑦
120 READ A$(K)
130 FOR J=1 TO 3         ← ⑧
140 READ D(K,J)
150 NEXT J,K
160 FOR K=1 TO 10        ← ⑨
170 D(K,4)=0             ← ⑬
180 FOR J=1 TO 3         ← ⑩
190 D(K,4)=D(K,4)+D(K,J)
200 NEXT J,K
```

```
210 FOR K=1 TO 10        ← ⑪
220 D(K,5)=1)            ← ⑭
230 FOR M=1 TO 10        ← ⑫
240 IF D(K,4)>D(M,4) THEN D(K,5)   ⑤     ⑥
    =D(K,5)+1            ← ⑮
250 NEXT M,K
```

|解法|

BASIC でプログラムを説明します。

100 行目で文字型配列 A$(10) と単精度実数型配列 D(10) を宣言しています。

110 行目〜150 行目は，データの読込みです。

　120 行目で都市名を A$(K) に読込んでいます。

　　A$(1) に 1 番目の都市名
　　A$(2) に 2 番目の都市名
　　　………
　　A$(10) に 10 番目の都市名

　140 行目で 3 ヶ月の使用電力量を読込んでいます。

　　D(1,1) に 1 番目の都市の 1 つ目の使用電力量が読込まれます。
　　D(1,2) に 1 番目の都市の 2 つ目の使用電力量が読込まれます。
　　D(1,3) に 1 番目の都市の 3 つ目の使用電力量が読込まれます。
　　　………
　　D(10,3) に 10 番目の都市の 3 つ目の使用電力量が読込まれます。

160 行目〜200 行目は，各都市の合計値を D(K,4) に計算して求めています。

　160 行目の FOR K=1 TO 10 で，K を 1〜3 まで変化させています。

　170 行目で D(K,4)=0 と初期設定しています。

　180 行目の FOR J=1 TO 3 で，J を 1〜3 まで変化させて，

　　式 D(K,4)=D(K,4)+D(K,J)

　を

　　D(K,4)=D(K,1)+D(K,2)+D(K,3)

　としています。

210 行目〜250 行目は，全都市の各合計電力量の順位づけをしています。

　220 行目の D(K,5)=1 で K 番目の都市を順で 1 位に仮決めしています。

　240 行目で D(K,4)>D(M,4) として，M を 1〜10 まで変化させて，D(K,5) に正しい順位を設定しています。

以上のプログラムの流れから，選択肢は，(4)となります。

正解 (4)

第4編 法規

出題の傾向とその対策

法規は，試験範囲も狭いことから，出る問題がほぼ決っています。法律については，条文を良く読んでおけば，解けるでしょう。また，施設管理は，比較的簡単な問題が多いので，問題の解き方に慣れておけば，充分合格点に達すると思います。以下に出やすい範囲を書きますので，充分学習しておいて下さい。

よく出題される問題は

電気設備技術基準
- 第01条　用語の定義
- 第02条　電圧の種別
- 第22条　低圧電線路の絶縁性能

電気設備技術基準の解釈
- 第12条　電線の接続法
- 第15条　高圧又は特別高圧の電路の絶縁性能
- 第16条　機械器具等の電路の絶縁性能
- 第17条　接地工事の種類及び施設方法
- 第19条　保安上又は機能上必要な場合における電路の接地
- 第28条　計器用変成器の2次側電路の設置
- 第33条　低圧電路に施設する過電流遮断器の性能等
- 第36条　地絡遮断装置の施設
- 第37条　避雷器等の施設
- 第58条　架空電線路の強度検討に用いる荷重
- 第59条　架空電線路の支持物の強度等
- 第66条　低高圧架空電線の引張強さに対する安全率
- 第70条　低圧保安工事及び高圧保安工事
- 第111条　高圧屋側電線路の施設
- 第120条　地中電線路の施設
- 第143条　電路の対地電圧の制限
- 第148条　低圧幹線の施設
- 第149条　低圧分岐回路等の施設
- 第156条　低圧屋内配線の施設場所による工事の種類
- 第158条　合成樹脂管工事
- 第159条　金属管工事
- 第164条　ケーブル工事
- 第166条　低圧の屋側配線又は屋外配線の施設
- 第168条　高圧配線の施設

電気事業法
- 第39条　事業用電気工作物の維持

電気事業法施行規則
- 第44条　電圧及び周波数の値
- 第50条　保安規定

電気事業法報告規則
- 第03条　電気事故報告

電気用品安全法
- 第02条　定義

電気工事士法
- 第03条　電気工事士免状

施設管理
- 受電設備
- 負荷率・需要率・不等率
- 流込式・調整式・貯水式水力発電
- 力率改善・コンデンサ

です。

第 1 章　電気設備技術基準

1. 接近状態

この節で学ぶ事は，**第 1 次接近状態**と**第 2 次接近状態**です。それぞれ，どのような関係にあるか，理解して下さい。

> **例題**　「第 1 次接近状態」とは，架空電線が，他の工作物と接近する場合において，当該架空電線が他の工作物の上方又は側方において，水平距離で 3 m 以上，かつ，架空電線路の支持物の地表上の高さに相当する距離以内に施設されることにより，架空電線路の電線の ［(ア)］，支持物の ［(イ)］ 等の際に，当該電線が他の工作物 ［(ウ)］ おそれがある状態をいう。
>
> 　上記の記述中の空白箇所(ア)，(イ)及び(ウ)に記入する字句として，正しいものを組み合わせたのは次のうちどれか。
>
> | | (ア) | (イ) | (ウ) |
> | --- | --- | --- | --- |
> | (1) | 揺動 | 傾斜 | を損壊させる |
> | (2) | 揺動 | 倒壊 | を損壊させる |
> | (3) | 切断 | 傾斜 | を損壊させる |
> | (4) | 切断 | 倒壊 | に接触する |
> | (5) | 切断 | 傾斜 | に接触する |

▌▌重要項目▌▌

第 1 次接近状態と第 2 次接近状態の理解

解説

　電気設備に関する技術基準を定める省令，第 29 条「電線による他の工作物等への危険の防止」に則り，電気設備技術基準の解釈，第 49 条「電線路に係る用語の定義」第九号からの出題です。電気設備技術基準の解釈第 49 条「電線路に係る用語の定義」第九，十号を掲載すると，

● **第 49 条「電線路に係る用語の定義」第九，十号**

九　第 1 次接近状態　架空電線が，他の工作物と接近する場合において，当該架空電線が他の工作物の**上方**又は**側方**において，**水平距離**で 3 m 以上，かつ，架空電線路の支持物の地表上の高さに相当する距離以内に施設されることにより，架空電線路の電線の切断，支持物の倒壊等の際に，当該電線が他の工作物に接触するおそれがある状態

十　第 2 次接近状態　架空電線が他の工作物と接近する場合において，当該架空電線が他の工作物の上方又は側方において水平距離で 3 m 未満に施

| 設される状態

とあります。

これを図示すると，第1次接近状態とは，下図となります。第1次接近状態に合わせて，第2次接近状態も図示していますので，それぞれの位置関係を覚えておく必要があります。

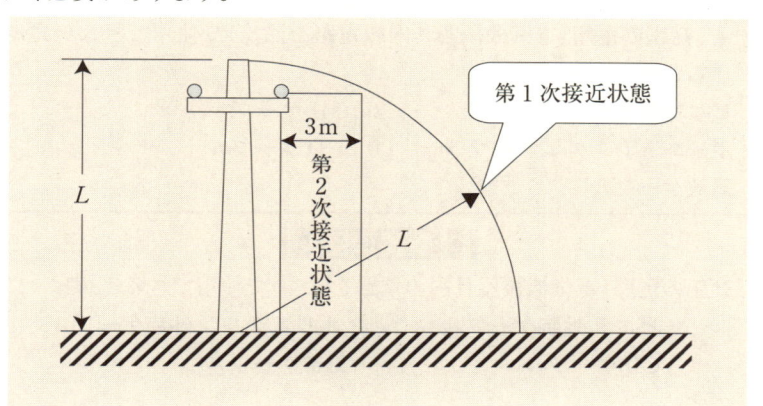

図中のラベル：
- 第1次接近状態
- 3m
- 第2次接近状態
- L

解法

「第1次接近状態」とは，架空電線が，他の工作物と接近する場合において，当該架空電線が他の工作物の上方又は側方において，水平距離で3m以上，かつ，**架空電線路**の支持物の地表上の高さに相当する距離以内に施設されることにより，架空電線路の電線の 切断 ，支持物の 倒壊 等の際に，当該電線が他の工作物 に接触する おそれがある状態をいう。

よって，選択肢は，(4)となります。

正解 (4)

第 2 章　電気設備技術基準の解釈

①. 総　則

　この節で学ぶ事は，高圧の電路（電気機械器具内の電路を除く）で使用できる電線です。どんなケーブルが使用できるか，理解して下さい。

> **例題**　高圧の電路（電気機械器具内の電路を除く）で使用できない電線は，次のうちどれか。
> (1)　ビニル外装ケーブル　　　(2)　MI ケーブル
> (3)　ポリエチレン外装ケーブル　(4)　CD ケーブル
> (5)　鉛被ケーブル

‖ 重要項目 ‖

　高圧の電路（電気機械器具内の電路を除く）で使用できる電線は，
　　　・**ビニル外装ケーブル**　　　・**ポリエチレン外装ケーブル**
　　　・**CD ケーブル**　　　　　　・**鉛被ケーブル**
です。

解説

電気設備技術基準の解釈第 10 条「高圧ケーブル」からの出題です。
電気設備技術基準の解釈　第 10 条　掲載

第 10 条「高圧ケーブル」

第 1 項　使用電圧が高圧の電路（電気機械器具内の電路を除く。）の電線に使用するケーブルには，次の各号に適合する性能を有する高圧ケーブル，第 5 項各号に適合する性能を有する複合ケーブル（弱電流電線を電力保安通信線に使用するものに限る。）又はこれらのケーブルに保護被覆を施したものを使用すること。ただし，第 67 条第一号ホの規定により半導電性外装ちょう架用高圧ケーブルを使用する場合，又は第 188 条第 1 項第三号ロの規定により飛行場標識灯用高圧ケーブルを使用する場合はこの限りでない。

　　　第一号　「温度」　　　（省略）
　　　第二号　「構造」　　　（省略）
　　　第三号　「完成品試験」（省略）

第 2 項　第 1 項各号に規定する性能を満足する，**鉛被ケーブル**及び**アルミ被ケーブル**のうち，絶縁体に絶縁紙を使用するものの規格は，第 3 条及び次の各号のとおりとする。

　　　第一号　「導体」　　　（省略）　　第二号　「絶縁体」　　（省略）

①. 総則

　　　　第三号 「外装」　　　（省略）　　　第四号 「完成品試験」（省略）

第3項　第1項各号に規定する性能を満足する，**鉛被ケーブル**及び**アルミ被ケーブル**のうち前項に規定する以外のもの，並びに**ビニル外装ケーブル**，**ポリエチレン外装ケーブル**及び**クロロプレン外装ケーブル**の規格は，第3条及び次の各号のとおりとする。

　　　　第一号 「導体」　　　（省略）　　　第二号 「絶縁体」　　（省略）
　　　　第三号 「遮へい」　　（省略）　　　第四号 「外装」　　　（省略）
　　　　第五号 「完成品試験」（省略）

第4項　第1項各号に規定する性能を満足するCDケーブルの規格は，第3条及び次の各号のとおりとする。

　　　　第一号 「構造」　　　（省略）　　　第二号 「導体」　　　（省略）
　　　　第三号 「絶縁体」　　（省略）　　　第四号 「ダクト」　　（省略）
　　　　第五号 「完成品試験」（省略）

第5項　使用電圧が高圧の**複合ケーブル**は，次の各号に適合する性能を有するものであること。

　　　　第一号 「温度」　　　（省略）
　　　　第二号 「構造」　　　（省略）
　　　　第三号 「完成品試験」（省略）

第6項　第5項に規定する性能を満足する，**電力保安通信線複合鉛被ケーブル**，**電力保安通信線複合アルミ被ケーブル**，**電力保安通信線複合クロロプレン外装ケーブル**，**電力保安通信線複合ビニル外装ケーブル**及び**電力保安通信線複合ポリエチレン外装ケーブル**の規格は，第3条及び次の各号のとおりとする。

　　　　第一号 「外付型のもの規格」（省略）
　　　　第二号 「内蔵型のもの規格」（省略）

|解法|

解説にあるように第10条によれば，高圧の電路（電気機械器具内の電路を除く）で使用できる電線に**MIケーブル**は，該当しません。

よって，選択肢は，(2)となります。

|正解|　(2)

②. 電気の供給のための電気設備

> この節で学ぶ事は,「機械器具等の電路の絶縁性能」を直流電圧で試験する場合です。1.6倍の係数をしっかり記憶して下さい。

例題 最大使用電圧が400[V]の交流発電機を直流電圧で絶縁試験を行う場合,その試験電圧として適切な値は次のうちどれか。ただし,試験電圧は巻線と大地との間に連続して10分間加えるものとする。
(1) 500[V]　(2) 600[V]　(3) 800[V]
(4) 960[V]　(5) 1200[V]

‖‖重要項目‖‖

「機械器具等の電路の絶縁性能」を直流電圧で試験する場合は,
　　交流電圧の1.6倍

解説

電気設備技術基準の解釈第16条「機械器具等の電路の絶縁性能」からの出題です。

電気設備技術基準の解釈　第16条　掲載

第16条「機械器具等の電路の絶縁性能」

　変圧器(放電灯用変圧器,エックス線管用変圧器,吸上変圧器,試験用変圧器,計器用変成器,第191条第1項に規定する電気集じん応用装置用の変圧器,同条第2項に規定する石油精製用不純物除去装置の変圧器その他の特殊の用途に供されるものを除く。以下この章において同じ。)の電路は,次の各号のいずれかに適合する絶縁性能を有すること。

　　　　　～省略～

2　回転機は,次の各号のいずれかに適合する絶縁性能を有すること。
　一　16-2表に規定する試験電圧を巻線と大地との間に連続して10分間加えたとき,これに耐える性能を有すること。
　二　回転変流機を除く交流の回転機においては,16-2表に規定する試験電圧の1.6倍の直流電圧を巻線と大地との間に連続して10分間加えたとき,これに耐える性能を有すること。

2. 電気の供給のための電気設備　225

16-2表

種類		試験電圧
回転変流機		直流側の最大使用電圧の1倍の交流電圧（500 V 未満となる場合は，500 V）
上記以外の回転機	最大使用電圧が7,000 V 以下のもの	最大使用電圧の1.5倍の電圧（500 V 未満となる場合は，500 V）
	最大使用電圧が7,000 V を超えるもの	最大使用電圧の1.25倍の電圧（10,500 V 未満となる場合は，10,500 V）

3　整流器は，16-3 表の中欄に規定する試験電圧を同表の右欄に規定する試験方法で加えたとき，これに耐える性能を有すること。

16-3表

最大使用電圧の区分	試験電圧	試験方法
60,000 V 以下	直流側の最大使用電圧の1倍の交流電圧（500 V 未満となる場合は，500 V）	充電部分と外箱との間に連続して10分間加える。
60,000 V 超過	交流側の最大使用電圧の1.1倍の交流電圧又は，直流側の最大使用電圧の1.1倍の直流電圧	交流側及び直流高電圧側端子と大地との間に連続して10分間加える。

〜省略〜

解法

　解説にあるように第 16 条によれば，**最大使用電圧**が 400 [V] の交流発電機を交流電圧で絶縁試験を行う場合，
　　$400 \times 1.5 = 600$　[V]
直流電圧で絶縁試験を行う場合
　　$400 \times 1.5 \times 1.6 = 960$　[V]
となりますので，選択肢は，(4)となります。

正解　(4)

③. 電気使用場所の施設

この節で学ぶ事は，**低圧屋側電線路**で施工して良い工事です。電気主任技術者が多く直面することですから，よく理解して下さい。

例題 使用電圧が 300 [V] 以下の低圧屋側電線路をバスダクト工事（バスダクトが換気形のものを除く。）により施設する場合の工事方法として，不適切なものは次のうちどれか。
(1) ダクト相互は，堅ろうに，かつ，電気的に完全に接続すること。
(2) ダクトを，点検できない隠ぺい場所に施設する場合は，導体の接続箇所が容易に点検できる構造とする。
(3) ダクトの終端部は，閉そくすること。
(4) ダクトは，内部に水が侵入してたまらないようなものであること。
(5) ダクトには，D種接地工事（第3種接地工事）を施すこと。

重要項目

次の工事ができる範囲は，重要です。

バスダクト工事，金属ダクト工事，金属管工事，ケーブル工事

解説

電気設備技術基準の解釈第156条「低圧屋内配線の施設場所による工事の種類」及び，第163条「バスダクト工事」からの出題です。

電気設備技術基準の解釈　第156条　掲載

第156条「低圧屋内配線の施設場所による工事の種類」

低圧屋内配線は，次の各号に掲げるものを除き，156-1表〈次ページ参照〉に規定する工事のいずれかにより施設すること。
　一　第172条第1項の規定により施設するもの
　二　第175条から第178条までに規定する場所に施設するもの

電気設備技術基準の解釈　第163条　掲載

第163条「バスダクト工事」

バスダクト工事による低圧屋内配線は，次の各号によること。
　一　ダクト相互及び電線相互は，堅ろうに，かつ，電気的に完全に接続すること。
　二　ダクトを**造営材**に取り付ける場合は，ダクトの支持点間の距離を3m（取扱者以外の者が出入りできないように措置した場所において，垂直

に取り付ける場合は，6 m）以下とし，堅ろうに取り付けること。
三　ダクト（換気型のものを除く。）の終端部は，閉そくすること。
四　ダクト（換気型のものを除く。）の内部にじんあいが侵入し難いようにすること。
五　湿気の多い場所又は水気のある場所に施設する場合は，屋外用バスダクトを使用し，バスダクト内部に水が浸入してたまらないようにすること。
六　低圧屋内配線の使用電圧が300 V以下の場合は，ダクトには，D種接地工事を施すこと。
七　低圧屋内配線の使用電圧が300 Vを超える場合は，ダクトには，C種接地工事を施すこと。ただし，接触防護措置（金属製のものであって，防護措置を施すダクトと電気的に接続するおそれがあるもので防護する方法を除く。）を施す場合は，D種接地工事によることができる。（関連省令第10条，第11条）

156-1表

施設場所の区分		使用電圧の区分	工事の種類									
			がいし引き工事	合成樹脂管工事	金属管工事	金属可とう電線管工事	金属線ぴ工事	金属ダクト工事	バスダクト工事	ケーブル工事	フロアダクト工事	セルラダクト工事	ライティングダクト工事	平形保護層工事
展開した場所	乾燥した場所	300 V以下	○	○	○	○	○	○	○	○			○	
		300 V超過	○	○	○	○		○	○	○				
	湿気の多い場所又は水気のある場所	300 V以下	○	○	○	○			○	○				
		300 V超過	○	○	○	○			○	○				
点検できる隠ぺい場所	乾燥した場所	300 V以下	○	○	○	○	○	○	○	○	○	○	○	
		300 V超過	○	○	○	○		○	○	○				
	湿気の多い場所又は水気のある場所	－		○	○	○				○				
点検できない隠ぺい場所	乾燥した場所	300 V以下		○	○	○				○	○	○		
		300 V超過		○	○	○				○				
	湿気の多い場所又は水気のある場所	－		○	○	○				○				

（備考）　○は，使用できることを示す。

解法

電気設備技術基準の解釈第156条「低圧屋内配線の施設場所による工事の種類」及び，第163条「バスダクト工事」から(1)，(3)，(4)，(5)は，問題ありません。よって，選択肢は，(2)となります。

正解　(2)

④. 屋内配線

> この節で学ぶ事は，**低圧屋側電線路**の**合成樹脂管工事**で施工して良い工事です。電気主任技術者が多く直面することですから，よく理解して下さい。

例題 使用電圧200［V］の低圧屋内配線を合成樹脂管工事で施設する場合の記述として，誤っているのは次のうちどれか。
(1) 電線に直径1.6［mm］の600Vビニル絶縁電線を使用した。
(2) 管の端口及び内面は，電線の被覆を損傷しないようななめらかなものとした。
(3) 管を2［m］間隔で支持した。
(4) 電線接続箱に金属製のボックスを使用し，かつ，D種接地工事を施設した。
(5) 乾燥した点検できない隠ぺい場所に施設した。

重要項目

合成樹脂管工事は，下記で実施すること
 (ア) 電線に直径1.6［mm］の**600Vビニル絶縁電線**を使用した。
 (イ) 管の端口及び内面は，電線の被覆を損傷しないようななめらかなものとした。
 (ウ) **電線接続箱**に金属製のボックスを使用し，かつ，**D種接地工事**を施設した。
 (エ) 乾燥した点検できない隠ぺい場所に施設した。

解説

電気設備技術基準の解釈第156条「低圧屋内配線の施設場所による工事の種類」及び第158条「合成樹脂管工事」からの出題です。

電気設備技術基準の解釈　第156条については，P 222及びP 223の156-1表を参照して下さい。

電気設備技術基準の解釈　第158条　掲載
● 第158条「合成樹脂管工事」（一部省略）
 合成樹脂管工事による**低圧屋内配線**の電線は，次の各号によること。
 一　**絶縁電線**（屋外用ビニル絶縁電線を除く。）であること。
 二～三　（省略）
 2　合成樹脂管工事に使用する合成樹脂管及びボックスその他の附属品（管

相互を接続するもの及び管端に接続するものに限り，レジューサーを除く。）は，次の各号に適合するものであること。
一　（省略）
二　**端口**及び内面は，電線の被覆を損傷しないような滑らかなものであること。
三　（省略）

3　合成樹脂管工事に使用する合成樹脂管及びボックスその他の附属品は，次の各号により施設すること。
一～二　（省略）
三　管の支持点間の距離は **1.5 m 以下**とし，かつ，その支持点は，管端，管とボックスとの接続点及び管相互の接続点のそれぞれの近くの箇所に設けること。
四　（省略）
五　合成樹脂管を金属製のボックスに接続して使用する場合又は前項第一号ただし書に規定する粉じん防爆型フレキシブルフィッチングを使用する場合は，次によること。（関連省令第10条，第11条）
　イ　低圧屋内配線の使用電圧が 300 V 以下の場合は，ボックス又は粉じん防爆型フレキシブルフィッチングに D 種接地工事を施すこと。（ただし書き，省略）
　ロ　低圧屋内配線の使用電圧が 300 V を超える場合は，ボックス又は粉じん防爆型フレキシブルフィッチングに C 種接地工事を施すこと。ただし，接触防護措置（金属製のものであって，防護措置を施す設備と電気的に接続するおそれがあるもので防護する方法を除く。）を施す場合は，D 種接地工事によることができる。
六～八　（省略）

|解法|

電気設備技術基準の解釈第156条「低圧屋内配線の施設場所による工事の種類」及び，第158条「合成樹脂管工事」から(1)，(2)，(4)，(5)は，問題ありません。
よって，解説により選択肢は，(3)となります。

|正解|　(3)

第3章 電気事業法

①. 電気設備技術基準への適合

> この節で学ぶ事は，**電気事業法**で基本となる条文です。法律が，技術基準に適合することを求めているより所なので，よく理解して下さい。

例題 電気事業法では，「電気設備技術基準」は次に掲げるところ等によらなければならないことが定められている。

1. 事業用電気工作物は，人体に危害を及ぼし，又は □(ア)□ に損傷を与えないようにすること。
2. 事業用電気工作物は，他の電気的設備その他の物件の機能に □(イ)□ な障害を与えないようにすること。
3. 事業用電気工作物の損壊により一般電気事業者の □(ウ)□ に著しい支障を及ぼさないようにすること。

上記の記述中の空白箇所(ア)，(イ)及び(ウ)に記入する字句として，正しいものを組み合わせたのは次のうちどれか。

	(ア)	(イ)	(ウ)
(1)	他の工作物	電気的又は磁気的	電気の供給
(2)	物件	磁気的又は機械的	設備の運用
(3)	他の工作物	電気的又は機械的	供給設備の機能
(4)	物件	電気的又は磁気的	電気の供給
(5)	他の電気設備	磁気的又は機械的	供給設備の機能

‖‖重要項目‖‖

　事業用電気工作物を設置するものは，事業用電気工作物を経済産業省令で定める技術基準に適合するように維持しなければならない。

解説

電気事業法第39条「事業用電気工作物の維持」からの出題です。
電気事業法第39条の掲載

▶ **第39条「事業用電気工作物の維持」**
　事業用電気工作物を設置するものは，事業用電気工作物を経済産業省令で定める技術基準に適合するように維持しなければならない。
2　前項の経済産業省令は，次に掲げるところによらなければならない。
　一　事業用電気工作物は，人体に危害を及ぼし，又は物件に損傷を与えないようにすること。

二　事業用電気工作物は，他の電気的設備その他の物件の機能に電気的又は磁気的な障害を与えないようにすること。
　三　事業用電気工作物の損壊により一般電気事業者の電気の供給に著しい支障を及ぼさないようにすること。
　四　事業用電気工作物が一般電気事業の用に供される場合にあっては，その事業用電気工作物の損壊によりその一般電気事業に係る電気の供給に著しい支障を生じないようにすること。

|解法|

　電気事業法第39条「事業用電気工作物の維持」の条文を虫食い問題にしたものです。
　電気事業法では，「**電気設備技術基準**」は次に掲げるところ等によらなければならないことが定められています。
1．事業用電気工作物は，人体に危害を及ぼし，又は 物件 に損傷を与えないようにすること。
2．事業用電気工作物は，他の電気的設備その他の物件の機能に 電気的または磁気的 な障害を与えないようにすること。
3．事業用電気工作物の損壊により**一般電気事業者**の 電気の供給 に著しい支障を及ぼさないようにすること。

となり，選択肢は，(4)となります。

|正解|　(4)

第4章 電気事業法施行規則

1. 電気主任技術者の監督範囲

> この節で学ぶ事は，第3種電気主任技術者が監督できる範囲です。身近な問題なので，しっかり記憶して下さい。

例題 第3種電気主任技術者免状の交付を受けているものが保安について監督することができる範囲は，次のとおりである。

電圧 (ア) ボルト未満の事業用電気工作物（出力 (イ) キロワット以上の発電所を除く。）の工事，維持及び運用。

上記の記述中の空白箇所(ア)，(イ)に記入する数値として，正しいものを組み合わせたのは次のうちどれか。

(1) (ア) 10,000　(イ) 2,000
(2) (ア) 25,000　(イ) 2,000
(3) (ア) 25,000　(イ) 5,000
(4) (ア) 50,000　(イ) 5,000
(5) (ア) 50,000　(イ) 10,000

重要項目

第3種電気主任技術者が監督できる範囲は，

　電圧 50,000 V 未満の**事業用電気工作物**（出力 5,000 kW 以上の発電所を除く。）の工事，維持及び運用

です。

解説

電気事業法第44条および電気事業法施行規則第56条「免状の種類による監督の範囲」からの出題です。

電気事業法施行規則第56条の掲載

第56条「免状の種類による監督の範囲」

　法第44条第5項の経済産業省令で定める事業用電気工作物の工事，維持及び運用の範囲は，次の表の左欄に掲げる主任技術者免状の種類に応じて，それぞれ同表の右欄に掲げるとおりとする。

1. 電気主任技術者の監督範囲

主任技術者免状の種類	保安の監督をすることができる範囲
第1種電気主任技術者免状	事業用電気工作物の工事，維持及び運用
第2種電気主任技術者免状	電圧170,000 V 未満の事業用電気工作物の工事，維持及び運用
第3種電気主任技術者免状	設置する電圧50,000 V 未満の事業用電気工作物（出力5,000 kW 以上の発電所を除く。）の工事，維持及び運用

解法

この問題は，電気事業法施行規則第56条そのものの出題です。

第56条で，第3種電気主任技術者免状の交付を受けているものが保安について監督することができる範囲は，次のとおりです。

電圧 50,000 ボルト未満の事業用電気工作物（出力 5,000 キロワット以上の発電所を除く。）の工事，維持及び運用。

よって，選択肢は(4)となります。

正解 (4)

第 5 章　電気関係報告規則

1. 報告規則

> この節で学ぶ事は，電気関係の**事故報告**でどの様なものがあるかです。事故の種類について覚えて下さい。

> **例題**　受電電圧 6.6 [kV] の自家用電気工作物を設置する事業場における次の事例のうち，電気関係報告規則に基づいて，設置者が所轄産業保安監督部長に対して報告すべき事故に該当しないものはどれか。
> (1)　電圧 100 [V] の屋内配線が過負荷により高熱となり，電気火災が発生した。
> (2)　落雷により高圧負荷開閉器が焼損し，電気事業者に供給支障事故を発生させた。
> (3)　高圧の断路器を誤って操作した電気工事作業者が，発生したアーク熱により全治1ヶ月の火傷を負った。
> (4)　高圧の受電用真空遮断器が誤操作により損傷し，操作不能になった。
> (5)　従業員が，分電盤内の電圧 200 [V] の端子に触れて，全治1週間の感電負傷した。

重要項目

　事故報告には，48時間以内の報告と30日以内の報告がある。
　所轄の産業保安監督部長に報告する。
　報告する事故は，**感電死傷事故・電気災害事故・主要電気工作物の損壊事故・波及事故・放射線事故**などがある。

解説

　電気関係報告規則第3条の第2項のうち，「自家用電気工作物を設置するものの事故報告」からの出題です。
　電気事故が発生したときは，事故の発生を知ったときから（波及事故の場合は，発生したときから）48時間以内の報告と，30日以内の報告で所轄産業保安監督部長（**放射線事故**などは経済産業大臣）に報告しなければならないと決められています。
　報告する事故としては次のものがあります。
・報告すべき主な事故
　(1)　**感電死傷事故**
　(2)　**電気災害事故**

(3) **主要電気工作物の損壊事故**
    電圧10,000 V以上の需要設備の損壊事故など
(4) **波及事故**
    電圧3,000 V以上の自家用電気工作物の故障，損傷，破壊などにより一般電気事業者又は特定電気事業者に供給支障事故を発生させた事故
(5) **放射線事故**

自家用電気工作物を設置する者の事故報告（抜粋）

報告の対象となる事故	報告先
一　感電又は破損事故若しくは電気工作物の誤操作若しくは電気工作物を操作しないことにより人が死傷した事故（死亡又は病院若しくは診療所に治療のため入院した場合に限る）	所轄産業保安監督部長
二　電気火災事故（工作物にあっては，その半焼以上の場合に限る。ただし，前号及び次号から五号までに掲げるものを除く）	所轄産業保安監督部長
三　破損事故又は電気工作物の誤操作若しくは電気工作物を操作しないことにより，公共の財産に被害を与え，道路，公園，学校その他の公共の用に供する施設若しくは工作物の使用を不可能にさせた事故又は社会的に影響を及ぼした事故（前二号に掲げるものを除く）	所轄産業保安監督部長
四　次に掲げるものに属する主要電気工作物の破損事故（第一，第三，第十号に掲げるものを除く） 　イ　出力900,000 kW未満の水力発電所 　ロ　火力発電所における汽力若しくは汽力を含む二以上の原動力を組み合わせたもの（ハに掲げるものを除く），出力1,000 kW以上のガスタービン又は出力10,000 kW以上の内燃力を原動力とする発電設備（発電機及びその発電機と一体となって発電の用に供される原動機設備並びに電気設備の総合体をいう。以下同じ） 　ハ　火力発電所における汽力を含む二以上の原動力を組み合わせたものを原動力とする発電設備であって，出力1,000 kW未満のもの（ボイラーに係るものを除く） 　ニ　出力500 kW以上の燃料電池発電所 　ホ　出力500 kW以上の太陽電池発電所 　ヘ　出力500 kW以上の風力発電所 　ト　電圧170,000 V以上（構内以外の場所から伝送される電気を変成するために設置する変圧器その他の電気工作物の総合体であって，構内以外の場所に伝送するためのもの以外のものにあっては100,000 V以上）300,000 V未満の変電所（容量100,000 kVA以上若しくは出力300,000 kW以上の周波数変換器又は出力100,000 kW以上の整流機器を設置するものを除く） 　チ　電圧170,000 V以上300,000 V未満の送電線路（直流のものを除く） 　リ　電圧10,000 V以上の需要設備（自家用電気工作物を設置する者に限る）	所轄産業保安監督部長
五　次に掲げるものに属する主要電気工作物の破損事故（第一，第三，第十号に掲げるものを除く） 　イ　出力900,000 kW以上の水力発電所 　ロ　電圧300,000 V以上の変電所又は容量300,000 kVA以上若しくは出力300,000 kW以上の周波数変換機器若しくは出力100,000 kW以上の整流機器を設置する変電所 　ハ　電圧300,000 V（直流にあっては電圧170,000 V）以上の送電線路	経済産業大臣
六〜九　＜省略＞	
十　一般電気事業者の一般電気事業の用に供する電気工作物又は特定電気事業者の特定電気事業の用に供する電気工作物と電気的に接続されている電圧3,000 V以上の自家用電気工作物の破損事故又は自家用電気工作物の誤操作若しくは自家用電気工作物を操作しないことにより一般電気事業者又は特定電気事業者に供給支障を発生させた事故（第三号に掲げるものを除く）	所轄産業保安監督部長
十一　ダムによって貯留された流水が当該ダムの洪水吐から異常に放流された事故（第三号に掲げるものを除く）	所轄産業保安監督部長

解法

解説にあるように(1)，(2)，(3)，(5)は，報告すべき事故です。

よって，選択肢は，(4)となります。

正解　(4)

第 6 章　電気用品安全法

1. 電気用品の定義

この節で学ぶことは，「電気用品」と「特定電気用品」の定義です。この問題は，時々出題されますので，理解しておきましょう。

例題　電気用品安全法において，「電気用品」とは，次に掲げるものを言う。
　一．　(ア)　電気工作物の部分となり，又はこれに接続して用いられる機械，器具又は材料であって，政令で定めるもの
　二．　(イ)　であって，政令で定めるもの
　　又，この法律において，「(ウ)　電気用品」とは，構造又は使用方法その他の使用状況からみて特に危険又は障害の発生するおそれが多い電気用品であって，政令で定めるものをいう。
　上記の記述中の空白箇所(ア)，(イ)及び(ウ)に記入する字句として，正しいものを組み合わせたのは次のうちどれか。

(1)　(ア)　一般用　　(イ)　直流電源装置　　　　(ウ)　特定
(2)　(ア)　自家用　　(イ)　携帯発電機　　　　　(ウ)　甲種
(3)　(ア)　事業用　　(イ)　非常用予備発電装置　(ウ)　乙種
(4)　(ア)　自家用　　(イ)　直流電源装置　　　　(ウ)　乙種
(5)　(ア)　一般用　　(イ)　携帯発電機　　　　　(ウ)　特定

重要項目

電気用品とは，
　一　一般用電気工作物の部分となり，又はこれに接続して用いられる機械，器具又は材料であって，政令で定めるもの
　二　携帯発電機であって，政令で定めるもの
特定電気用品とは，
　構造又は使用方法その他の使用状況から見て特に危険又は障害の発生するおそれが多い電気用品であって，政令で定めるもの。

解説

電気用品安全法第2条「定義」からの出題です。
電気用品安全法第2条の掲載

第2条「定義」
　この法律において「電気用品」とは，次に掲げるものを言う。

1. 電気用品の定義

一 一般用電気工作物(電気事業法(昭和39年法律第170号)第38条第1項(一般用電気工作物の定義)に規定する一般用電気工作物をいう。)の部分となり,又はこれに接続して用いられる機械,器具又は材料であって,政令で定めるもの

二 携帯発電機であって,政令で定めるもの

2 この法律において「特定電気用品」とは,構造又は使用方法その他の使用状況からみて特に危険又は障害の発生するおそれが多い電気用品であって,政令で定めるものをいう。

解法

この問題は,電気用品安全法第2条の虫食い問題になります。

電気用品安全法において,「電気用品」とは,次に掲げるものを言う。

一. 一般用 電気工作物の部分となり,又はこれに接続して用いられる機械,器具又は材料であって,政令で定めるもの

二. 携帯発電機 であって,政令で定めるもの

又,この法律において,「 特定 電気用品」とは,構造又は使用方法その他の使用状況から見て特に危険又は障害の発生するおそれが多い電気用品であって,政令で定めるものをいう。

解説にあるように,(5)が正解となります。

正解 (5)

第7章　電気工事士法

①. 電気工事士の資格

> この節で学ぶ事は，電気工事士の資格の種類です。資格の名前と工事できる範囲について覚えて下さい。

例題　電気工事士法に基づく自家用電気工作物（最大電力 500 [kW] 未満の需要設備）の電気工事の作業に従事することができる者の資格と電気工事に関する次の記述のうち，正しいのは次のうちどれか。
(1)　認定電気工事従事者は，200 [V] で使用する電動機に至る低圧屋内配線工事の作業に従事することができる。
(2)　第一種電気工事士は，非常用予備発電装置として設置される原動機及び発電機の電気工事の作業に従事することができる。
(3)　第二種電気工事士は，受電設備の低圧部分の電気工事の作業に従事することができる。
(4)　第二種電気工事士は，ネオン用として設置される分電盤の電気工事の作業に従事することができる。
(5)　第二種電気工事士は，100 [V] で使用する照明器具に至る低圧屋内配線の作業に従事することができる。

‖重要項目‖

電気工事士の資格には，下記があります。
- 第一種電気工事士　　・認定電気工事従事者
- 第二種電気工事士
- 特殊電気工事資格者
　（ネオン工事資格者，非常用予備発電装置工事資格者）

解説

電気工事士法第 3 条，電気工事士法施行令第 1 条及び電気工事士法施行規則第 2 条からの出題です。
各条文を見やすく表にすると，次の表のようになります。

①. 電気工事士の資格

表1 資格の種類

電気工事士の種類		有資格者が従事できる作業範囲
第一種電気工事士		一般用電気工作物及び自家用電気工作物の電気工事（特殊電気工事は除く）
認定電気工事従事者		電圧600 V以下で使用する自家用電気工作物に係る電気工事（電路に係るものを除く）
特殊電気工事資格者	ネオン工事資格者	自家用電気工作物の電気工事で特殊なもの（ネオン用として設置される分電盤，主開閉器，タイムスイッチ，点滅器，ネオン変圧器，ネオン管等に係る工事）
	非常用予備発電装置工事資格者	自家用電気工作物の電気工事で特殊なもの（非常用予備発電装置として設置される原動機，発電機，配電盤等に係る工事）
第二種電気工事士		一般用電気工作物の電気工事

表2 作業範囲から見た必要な資格

電気工作物の種類と電気工事の作業範囲				電気工事を行う場合の資格
自家用電気工作物	最大電力500 kW未満の需要設備	下記の工事を除くその他の工事		第一種電気工事士
		特殊電気工事	ネオン工事	ネオン工事に係る特殊電気工事資格者
			非常用予備発電装置工事	非常用予備発電装置に係る特殊電気工事資格者
		簡易電気工事	600 V以下の電気設備工事	第一種電気工事士または認定電気工事従事者
一般用電気工作物	一般家庭の屋内配線や屋側配線 小出力発電設備			第一種電気工事士 第二種電気工事士（一般用電気工作物に限る）

解法

(2)(3)(4)(5)は，間違いであることが(問題なく)すぐに解ると思います。

自家用電気工作物において600 V以下の電気設備工事のできるのは，解説にあるように，第一種電気工事士または認定電気工事従事者のみとなります。

以上から，

電気工事士法第3条によって，問題の解答は，網掛をしたところにあてはまります。よって，選択肢は(1)となります。

正解 (1)

第8章　施設管理

1. 受電設備管理

この節で学ぶ事は，電力系統を停電する手順です。電気事故を防ぐための受電設備管理として重要な事項ですから，充分理解して下さい。

例題　次の記述は，図に示す高圧受電設備の全停電作業を開始するときの操作手順を述べたものである。

1．低圧配電盤の開閉器を開放する。
2．受電用遮断機を開放した後，その ［(ア)］ を検電して無電圧を確認する。
3．断路器を開放する。
4．柱上区分開閉器を開放した後，断路器の ［(イ)］ を検電して無電圧を確認する。
5．受電用ケーブルと電力用コンデンサの残留電荷を放電させた後，断路器の ［(ウ)］ を短絡して接地する。

上記の記述中の空白箇所(ア)，(イ)及び(ウ)に記入する字句として，正しいものを組み合わせたのは次のうちどれか。

	(ア)	(イ)	(ウ)
(1)	電源側	電源側	負荷側
(2)	電源側	負荷側	負荷側
(3)	負荷側	電源側	負荷側
(4)	負荷側	電源側	電源側
(5)	負荷側	負荷側	電源側

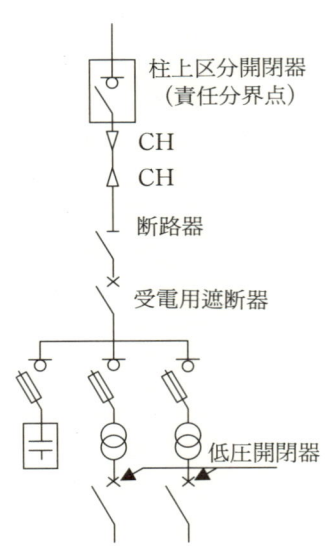

柱上区分開閉器
（責任分界点）
CH
CH
断路器
受電用遮断器
低圧開閉器

‖‖重要項目‖‖

送電を停止するときは，負荷側から遮断し無電圧になったことを確認して，次の作業を進める。

解説

　送電を停止するときは，負荷側から遮断していきます。それは，送電線に流れている充電電流を極力小さくして遮断したいからです。また，負荷側で万一電気設備が動いていたとしても運転に気づきやすいこともあります。

　また，送電を停止したらそのたびに無電圧になったことを負荷側で確認します。電源側は，充電しているのですから，負荷側で確認することは，当然です。無電圧を確認するのは，万が一開放されていない場合に設備故障として作業を中断するためです。

解法

1．**低圧配電盤**の**開閉器**を開放する。
2．**受電用遮断機**を開放した後，その (ア) **負荷側** を検電して**無電圧**を確認する。
3．**断路器**を開放する。
4．**柱上区分開閉器**を開放した後，断路器の (イ) **電源側** を検電して無電圧を確認する。
5．**受電用ケーブル**と**電力用コンデンサ**の**残留電荷**を放電させた後，断路器の (ウ) **電源側** を短絡して接地する。

　以上から，選択肢は，(4)となります。

正解　(4)

②. 送配電線の損失低減

(1) 電線路の絶縁抵抗値

> この節で学ぶ事は，低圧電線路の使用電圧に対する漏えい電流です。計算問題として，よく出題されますので，よく理解して下さい。

例題 定格容量 75 [kV・A]，一次電圧 6.6 [kV]，二次電圧 210 [V] の三相変圧器に接続している低圧架空電線路において，「電気設備に関する技術基準を定める省令」によれば，使用電圧に対する漏えい電流は何アンペアを超えないように保たなければならないか。正しい値を次のうちから選べ。
> (1) 0.052　　(2) 0.103　　(3) 0.179　　(4) 0.206　　(5) 0.304

┃┃┃重要項目┃┃┃

低圧電線路の使用電圧に対する漏えい電流は，
　1．**漏えい電流**は，電線1本についてである
　2．**最大供給電流**は，電源の供給できる定格電流
　3．使用電圧に対する漏えい電流が最大供給電流の 1/2000 を超えないように

である。

解説

電気設備技術基準第 22 条「**低圧電線路の絶縁性能**」からの出題です。

第 22 条「低圧電線路の絶縁性能」では，

第 22 条　低圧電線路中絶縁部分の電線と大地との間及び電線の線心相互間の絶縁抵抗は，使用電圧に対する漏えい電流が最大供給電流の 1/2,000 を超えないようにしなければならない。

とあります。
　ここで注意すべき事は，
　1．**漏えい電流**は，電線1本についてである
　2．**最大供給電流**は，電源の供給できる定格電流
　3．**使用電圧**に対する漏えい電流が最大供給電流の 1/2,000 を超えないように
と言うことです。

解法

解説にあるように，電気設備技術基準第 22 条「低圧電線路の絶縁性能」から

2. 送配電線の損失低減　　　243

の出題です。

まず，定格容量 75 [kV・A]，二次電圧 210 [V] の三相変圧器の定格電流 I_n [A] を計算します。

定格電流 I_n [A] は，

$$I_n = \frac{75 \times 10^3}{\sqrt{3} \times 210} = 206.2 \quad [A]$$

よって，最大供給電流 I_m [A] は，

$$I_m = I_n = 206.2 \quad [A]$$

となります。

つぎに，使用電圧に対する漏えい電流が最大供給電流の 1/2,000 を超えないようにするのですから，漏えい電流 I_l [A] は，

$$I_l = \frac{206.2}{2,000} = 0.103 \quad [A]$$

となります。

よって選択肢は，(2)となります。

正解　(2)

(2) 耐圧試験時の電源容量

> この節で学ぶ事は，電線路の絶縁試験に使う試験器の電源容量計算です。最大使用電圧の計算と 3 線一括の時の取扱いを理解して下さい。

> **例題**　電線に単心のケーブルを使用する公称電圧 6,600 [V]，50 [Hz] の三相 3 線式電線路がある。このケーブルの心線と大地との間の静電容量は，5 [μF] である。「電気設備に関する技術基準を定める省令」により，ケーブルの心線と大地との間に交流の試験電圧を加えて，絶縁耐力試験を 3 線一括で行う場合，何キロボルトアンペア以上の試験装置が必要になるか。正しい値を次のうちから選べ。
> (1)　207　　　(2)　225　　　(3)　348　　　(4)　462　　　(5)　505

重要項目

電気設備技術基準の解釈第 1 条「用語の定義」より，
・使用電圧（公称電圧）とは，電路を代表する線間電圧
・最大使用電圧とは，通常の使用状況において電路に加わる最大の線間電圧のことで，使用電圧に次の表に規定する係数を乗じた電圧となります。

使用電圧の区分	係　　数
1,000 V 以下	1.15
1,000 V を超え500,000 V 未満	1.15/1.1
500,000 V	1.05, 1.1又は1.2
1,000,000 V	1.1

　よって例題の絶縁耐力で使われる**最大使用電圧**と使用電圧（公称電圧）の関係は，

$$最大使用電圧 [V] = \frac{1.15}{1.1} \times 使用電圧 [V]$$

です。

解説

　電気設備技術基準の解釈第15条「高圧又は特別高圧の電路の絶縁性能」からの出題です。第15条によれば，最大使用電圧が7000 V 以下の場合は，最大使用電圧の1.5倍の電圧を心線相互間及び心線と大地間に10分間加えて試験しなければなりません。（次ページ表参照）

　また，公称電圧 [V] と最大使用電圧 [V] との関係は，

$$最大使用電圧 [V] = \frac{1.15}{1.1} \times 使用電圧 [V]$$

の関係にあります。

　送電系統は，3線一括の場合，右図となります。

解法

　使用電圧が 6,600 [V] の時の最大使用電圧 V [V] は，

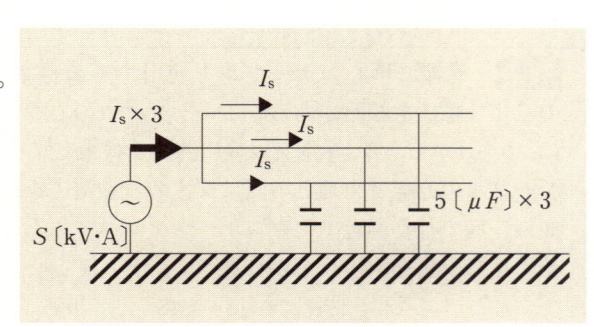

$$V = 6,600 \times \frac{1.15}{1.1} = 6,900 \quad [V]$$

　よって，試験電圧 E [V] は，

$$E = 6,900 \times 1.5 = 10,350 \quad [V]$$

となります。

　次に1線の充電電流 I_S [A] は，

$$I_S = 2\pi \times 50 \times 5 \times 10^{-6} \times 10,350 ≒ 16.26 \quad [A]$$

❷. 送配電線の損失低減

よって，3線一括の充電容量 S [kV・A] は，
$$S = 3I_S E = 3 \times 16.26 \times 10,350 = 504,873 \quad [\text{V・A}]$$
$$\fallingdotseq 505 \quad [\text{kV・A}]$$

となります。

よって，選択肢は，(5)となります。

正解 (5)

電路についての試験電圧（参考）

電路の種類				試験電圧
最大使用電圧が7,000 V以下の電路	交流の電路			最大使用電圧の1.5倍の交流電圧
	直流の電路			最大使用電圧の1.5倍の直流電圧又は1倍の交流電圧
最大使用電圧が7,000 Vを超え，60,000 V以下の電路	最大使用電圧が15,000 V以下の中性点接地式電路（中性線を有するものであって，その中性線に多重接地するものに限る。）			最大使用電圧の0.92倍の電圧
	上記以外			最大使用電圧の1.25倍の電圧（10,500 V未満となる場合は，10,500 V）
最大使用電圧が60,000 Vを超える電路	整流器に接続する以外のもの	中性点非接地式電路		最大使用電圧の1.25倍の電圧
		中性点接地式電路	最大使用電圧が170,000 Vを超えるもの	
			中性点が直接接地されている発電所又は変電所若しくはこれに準ずる場所に施設するもの	最大使用電圧の0.64倍の電圧
			上記以外の中性点直接接地式電路	最大使用電圧の0.72倍の電圧
		上記以外		最大使用電圧の1.1倍の電圧（75,000 V未満となる場合は，75,000 V）
	整流器に接続するもの	交流側及び直流高電圧側電路		交流側の最大使用電圧の1.1倍の交流電圧又は直流側の最大使用電圧の1.1倍の直流電圧
		直流側の中性線又は帰線（第201条第六号に規定するものをいう。）となる電路（周波数変換装置（FC）又は非同期連系装置（BTB）の直流部分等の短小な直流電路において，異常電圧の発生のおそれのない場合は，絶縁耐力試験を行わないことができる。）		次の式により求めた値の交流電圧 $V \times (1/\sqrt{2}) \times 0.51 \times 1.2$ V は，逆変換器転流失敗時に中性線又は帰線となる電路に現れる交流性の異常電圧の波高値（単位：V）

（備考） 電位変成器を用いて中性点を接地するものは，中性点非接地式とみなす。

(3) 電動機地絡時の対地電圧

> この節で学ぶ事は，B種接地抵抗値の求め方と対地電圧の計算です。法規の計算問題で，よく出題されますので，よく理解して下さい。

例題 変圧器によって高圧電路に結合されている低圧電路に施設された使用電圧 100 [V] の電動機に地絡事故が発生した場合，電動機の金属製外箱の対地電位が 25 [V] を超えないようにするためには，この金属製外箱に施す D 種接地工事の接地抵抗値を何オーム以下としなければならないか。正しい値を(1)～(5)までのうちから選べ。ただし，次の条件によるものとする。

(ア) 変圧器の高圧側電路の1線地絡電流値は 10 [A] とする。
(イ) 高低圧混触時に低圧電路の対地電圧が 150 [V] を超えた場合に，1.5 秒で自動的に高圧電路を遮断する装置が設けられている。
(ウ) 変圧器の低圧側に施された B 種接地工事の接地抵抗値は，「電気設備に関する技術基準を定める省令」で許容される最高限度値とする。

(1) 3　　(2) 5　　(3) 10　　(4) 20　　(5) 30

重要項目

B種接地抵抗値は，接地抵抗値 $=\dfrac{150}{地絡電流}$（条件によって 150 が 300 又は 600）で計算する。また，電気機器側の接地抵抗値 R_D [Ω] は，$R_D=\dfrac{対地電圧}{地絡電流}$ で計算する。

解説

この問題は，2つのポイントがあります。B種接地抵抗値をいくつにするかが1つ目のポイントです。

● **第17条：「接地工事の種類及び施設方法」より B種接地工事**（抜粋）
B 種接地工事は，次の各号によること。
一　接地抵抗値は，17-1 表に規定する値以下であること。

17-1表

接地工事を施す変圧器の種類	当該変圧器の高圧側又は特別高圧側の電路と低圧側の電路との混触により，低圧電路の対地電圧が 150 V を超えた場合に，自動的に高圧又は特別高圧の電路を遮断する装置を設ける場合の遮断時間	接地抵抗値(Ω)

2. 送配電線の損失低減

下記以外の場合		$150/I_g$
高圧又は35,000 V 以下の特別高圧の電路と低圧電路を結合するもの	1秒を超え2秒以下	$300/I_g$
	1秒以下	$600/I_g$

（備考）I_g は，当該変圧器の高圧側又は特別高圧側の電路の1線地絡電流（単位：A）
とあります。

よって，

$$接地抵抗値 = \frac{300}{地絡電流}\left(遮断する装置が無い時は，接地抵抗値 = \frac{150}{地絡電流}\right)$$

で求められます。

あと2つ目のポイントは，漏電電流の回路図を描くことができるかです。

漏電電流の回路は，それほど多くありませんので，下記の図をよく見て覚えて下さい。

解法

問題の条件(ア)，(イ)から，右図の **B 種接地抵抗値** R_B [Ω] を計算すると

$$R_B = \frac{300}{10} = 30 \ [\Omega]$$

また，**D 種接地抵抗値** を R_D [Ω] として，地絡電流 I [A] を求めると，

$$I = \frac{100}{R_D + 30} \ [A]$$

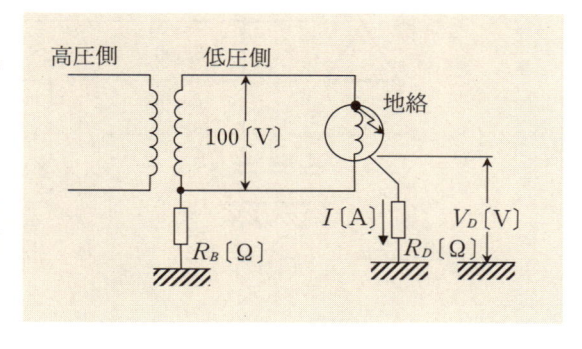

次に，電動機の金属製外箱の対地電位を V_D [V] とすると

$$V_D = IR_D = \frac{100}{R_D + 30} \times R_D$$

ここで，問題の条件から $V_D < 25$ [V] とする必要があるので

$$\frac{100}{R_D + 30} \times R_D \leq 25$$

$$100 R_D \leq 25 R_D + 25 \times 30$$

$$75 R_D \leq 750$$

$$R_D \leq 10$$

よって，選択肢は，(3)となります。

正解 (3)

(4) 1線地絡電流の計算式

> この節で学ぶことは，B種接地抵抗値の計算の仕方です。接地抵抗計算で，頻繁に出題されますのでしっかり覚えて下さい。

例題 図のように 50 [Hz] の三相3線式架空配電線路に接続されている単相変圧器において高低圧混触した場合を考慮して，低圧側のB種接地抵抗値 R_B [Ω] は，次のうちのどの値以下としなければならないか。ただし，次の条件によるものとする。

(ア) 電路には，高低圧混触時に高圧電路を自動的に遮断する装置は設けられていない。

(イ) 高圧線1線当たりの対地静電容量 C_S は 0.4 [μF]，混触点からみた高圧側全対地インピーダンスは $\dfrac{1}{j3\omega C_S}$ とし，$R_B \ll \dfrac{1}{3\omega C_S}$ とする。

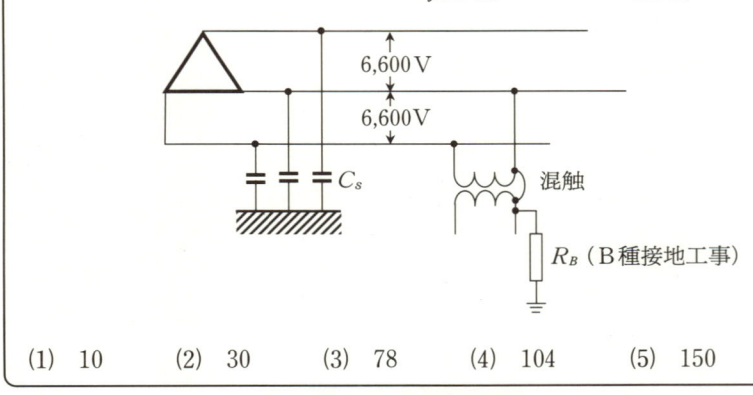

(1)　10　　(2)　30　　(3)　78　　(4)　104　　(5)　150

重要項目

B種接地工事の抵抗値は，次式で求める

$$R_B \leq \frac{150}{I_g} \ [\Omega]$$

分子の 150 は，2秒以内に電路遮断の時 300，1秒以内に電路遮断の時 600

解説

接地工事は，電気設備技術基準の解釈第17条［接地工事の種類及び施設方法］で**A種接地工事・B種接地工事・C種接地工事・D種接地工事**の4種類と決められています。本問の場合，B種接地工事となります。

B種接地工事については，前例題解説（P 246）参照して下さい。

また，電気設備技術基準の解釈第17条［接地工事の種類及び施設方法］第2

項二号で地絡電流の計算式が示してありますが,本問の場合は,地絡電流を回路より計算できるため,回路計算で求めることにします。

解法

系統図から,1線地絡電流を計算します。図から解るように配電線の対地静電容量 C_S は,3線とも B 種接地工事と大地をかいして直列接続となっています。また,地絡している電圧は,相電圧です。

よって,地絡電流 I_g [A] は,

$$I_g = \frac{6,600}{\sqrt{3}} \times \frac{1}{\sqrt{R_B{}^2 + \left(\frac{1}{3\omega C_S}\right)^2}} \quad [\text{A}]$$

となりますが,配電線の静電容量によるインピーダンスは,一般に

$$R_B \ll \frac{1}{3\omega C_S} \quad [\Omega]$$

となりますから,

$$I_g \fallingdotseq \frac{6,600}{\sqrt{3}} \times 3\omega C_S \quad [\text{A}]$$

となります。よって,各値を代入して,地絡電流 I_g [A] は,

$$I_g = \frac{6,600}{\sqrt{3}} \times 3 \times 2\pi \times 50 \times 0.4 \times 10^{-6} = 1.437 \quad [\text{A}]$$

ゆえに,本問題(ア)の条件から,電気設備技術基準の解釈第19条により対地電位上昇は,150 [V] となりますので,

$$R_B \leq \frac{150}{1.437} = 104 \quad [\Omega]$$

となります。

よって選択肢は,(4)となります。

正解 (4)

③. 支線に加わる張力と素線条数

> この節で学ぶ事は，**引き留め**に使用する支線についてです。支線の計算でよく出題されますので充分理解して下さい。

例題 図のように高圧，低圧電線を併架する木柱がある。この電線路の引留箇所において次のような条件で支線を設ける場合，「電気設備に関する技術基準を定める省令」及び「その解釈」に適合するために支線の素線の条数をいくら以上にしなければならないか。正しい値を(1)から(5)までのうちから選べ。

(ア) 高低圧電線間の離隔距離を 1 [m] とし，高圧線と支線の取付け高さを 10 [m] とする。

(イ) 支線と木柱とのなす角は30度とし，支線は直径 2.3 [mm] の亜鉛めっき鋼線（引張り強さ 1,225 [N/mm²]）を素線に使用し，また，支線のより合わせによる引張荷重の減少係数は無視するものとする。

(ウ) 高圧電線の水平張力は 9,800 [N]，低圧線のそれは 3,920 [N] とする。

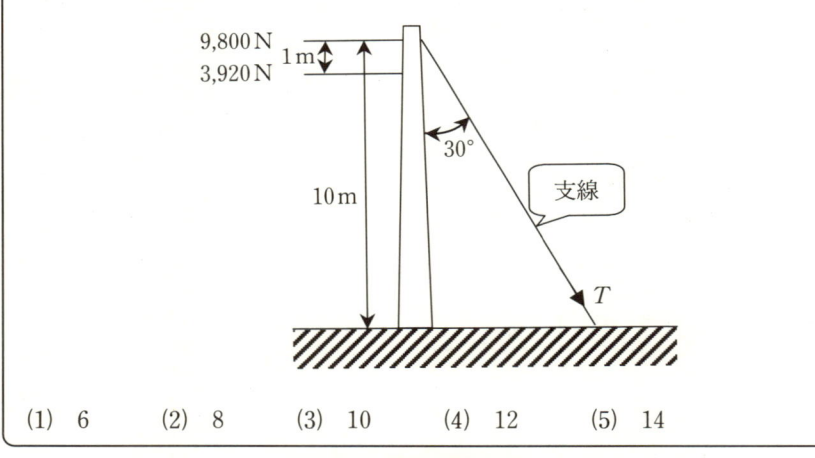

(1) 6   (2) 8   (3) 10   (4) 12   (5) 14

重要項目

- **支線の安全率**は，『電線路の全架渉線を引き留める箇所に使用する柱で，全架渉線につき各架渉線の**想定最大引張力**に等しい**不平均張力**による水平力に耐える支線を，電線路の方向に設ける』場合は，1.5 とする。
- 張力は，モーメントで計算する。

3. 支線に加わる張力と素線条件

251

解説

配電線の引留に使用する支線に関係ある電気設備技術基準の解釈は，第61条「支線の施設方法及び支柱による代用」及び第62条「架空電線路の支持物における支線の施設」などです。

電気設備技術基準の解釈の各条文を掲載すると，

第61条「支線の施設方法等及び支柱による代用」

架空電線路の支持物において，この解釈の規定により施設する支線は，次の各号によること。
　一　(省略)
　二　**支線の安全率**は，2.5(第62条の規定により施設する支線にあっては，1.5)以上であること。
　三　支線により線を使用する場合は次によること。
　　イ　素線を3条以上より合わせたものであること。
　　ロ　(省略)

第62条「架空電線路の支持物における支線の施設」

高圧又は特別高圧の架空電線路の支持物として使用する木柱，A種鉄筋コンクリート柱又はA種鉄柱には，次の各号により支線を施設すること。
　一〜二　(省略)
　三　電線路の全架渉線を引き留める箇所に使用される柱は，全架渉線につき各架渉線の想定最大張力に等しい不平均張力による水平力に耐える支線を，電線路の方向に設けること。

となります。

解法

解説から，安全率1.5を採用します。

図8-1で地際b点を中心にa点の左右でモーメントが釣合っていることから，

$$9,800 \times 10 + 3,920 \times (10-1) = 10 \times T_h \quad [\text{N·m}]$$

が成立ちます。

T_hについて解くと

$$T_h = \frac{9,800 \times 10 + 3,920 \times (10-1)}{10} = 13,328 \quad [\text{N·m}]$$

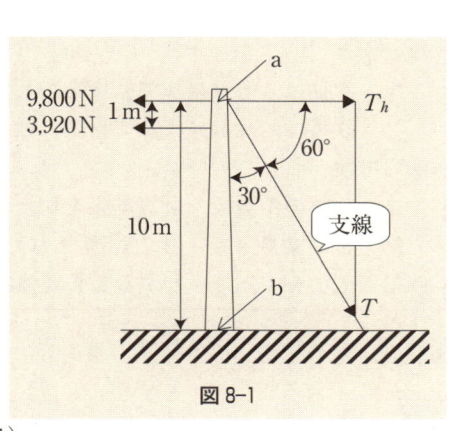

図8-1

また
$$T_h = T\cos 60°$$
から，支線の張力 T は，
$$T = \frac{T_h}{\cos 60°} = \frac{13,328}{1/2} = 26,656$$
となります。

次に，支線の計算をします。支線の断面積 A [m²] は，
$$A = \pi\left(\frac{2.3}{2}\right)^2 \fallingdotseq 4.16 \quad [\text{mm}^2]$$
ですから，支線1本当りの引張り張力 F [N] は，
$$F = 1,225 \times 4.16 = 5,096 \quad [\text{N}]$$
となります。よって，必要となる支線条数 n [本] は，
$$5,096\,n = 26,656 \times 1.5$$
$$n = \frac{26,656 \times 1.5}{5,096} \fallingdotseq 7.85$$
となりますので，小数点以下を切上げて
$$n = 8 \quad [\text{本}]$$
とします。

よって，選択肢は，(2)となります。

正解 (2)

[補足]

支線は木柱などに使われ，鉄塔への使用は NG です。
なぜかと言いますと，
1．木柱は，それ自体で強度を増した設計ができないから支線が必要
2．鉄塔は，設計によって自由に強度アップできる
からです。

また支線の条数は，計算結果を切上げとすることも重要です。

例えば，条数 $n = 7.01$ と計算された時，切上げて $n = 8$ [本] とします。四捨五入で $n = 7$ [本] とすると必要強度不足となります。

コラム 「電験3種合格者は秀才」

　著者は，高校が工業高校でした。高校に在学中の時，電子科の教諭が，
『昔，高校を卒業する時に電験3種に合格して卒業した者がいる。君たちも頑張りなさい』
と言われたのを覚えています。
　その時から著者と電験とのつきあいが始まりました。そして，電験3種合格までは，長い道のりでした。
　合格するまでは，先に合格した人が秀才に見えました。また，電験3種合格者が活躍されているのを聞くたびに，合格者にあこがれたものです。
　皆さんも頑張ってあこがれの仲間入りをして下さい。

第8章　施設管理

④. 負荷率・需要率・不等率

この節で学ぶ事は，需要率・不等率・負荷率についてです。各値を求めるためには，定義式を覚えておく必要があります。必ず覚えて下さい。

例題 需要設備における負荷率，需要率及び複数負荷間の不等率を，次のA〜Eの諸元で表したものの組み合わせで，正しいのは(1)〜(5)のうちどれか。

　　A：設備容量
　　B：最大需要電力（最大負荷）
　　C：平均需要電力（平均負荷）
　　D：合成最大需要電力（合成最大負荷）
　　E：各負荷の最大需要電力の合計

	負荷率	需要率	不等率		負荷率	需要率	不等率
(1)	$\frac{B}{C}$	$\frac{C}{A}$	$\frac{E}{D}$	(2)	$\frac{B}{C}$	$\frac{B}{A}$	$\frac{D}{E}$
(3)	$\frac{C}{B}$	$\frac{C}{A}$	$\frac{D}{E}$	(4)	$\frac{C}{B}$	$\frac{B}{A}$	$\frac{E}{D}$
(5)	$\frac{C}{B}$	$\frac{C}{A}$	$\frac{E}{D}$				

重要項目

負荷率　需要率　不等率の定義式

$$負荷率 = \frac{平均需要電力}{最大需要電力} \times 100 \quad [\%]$$

$$需要率 = \frac{最大需要電力}{設備容量} \times 100 \quad [\%]$$

$$不等率 = \frac{各負荷の最大需要電力の合計}{合成最大需要電力}$$

不等率の値
　　$1 \leq 不等率$

解説
　電気設備に電源を供給するとき「負荷率　需要率　不等率」を検討します。なぜかと言いますと，電気設備が常に同時に使われることが少ないからです。そこで，全ての電気設備が，同時に使われることを考えた電源の準備は，非常

に不経済となります。よって，負荷率で，負荷のピーク度合（負荷容量の変動度合）を検討します。需要率では，設備が最大で，どれだけ使用されるかを検討します。不等率では，さまざまな負荷の最大電力の重なり度合を検討します。

ここで覚えてほしいこととして，不等率は，必ず1以上になると言うことです。一般的には，不等率＝1〜1.5程度になるようです。

解法

負荷率　需要率　不等率の定義式は，次の式となります。

$$負荷率 = \frac{平均需要電力}{最大需要電力} \times 100 \quad [\%]$$

$$需要率 = \frac{最大需要電力}{設備容量} \times 100 \quad [\%]$$

$$不等率 = \frac{各負荷の最大需要電力の合計}{合成最大需要電力}$$

本問において

A：**設備容量**
B：**最大需要電力**（最大負荷）
C：**平均需要電力**（平均負荷）
D：**合成最大需要電力**（合成最大負荷）
E：**各負荷の最大需要電力の合計**

としていますので，負荷率は，

$$負荷率 = \frac{C}{B}$$

需要率は，

$$需要率 = \frac{B}{A}$$

不等率は，

$$不等率 = \frac{E}{D}$$

となります。

よって，選択肢は，(4)となります。

正解　(4)

⑤. 変圧器の損失・効率

(1) 変圧器の効率 η と最高効率時の負荷 P

> この節で学ぶ事は，変圧器の効率計算と損失との関係です。損失は，変圧器の**負荷率**が同じ時，同じ値になることを覚えて下さい。

> **例題** ある変圧器の負荷力率 100 [%] における全負荷効率は 99.0 [%] である。この変圧器の負荷力率 80 [%] における全負荷効率 [%] の値として，正しいのは次のうちどれか。
> (1) 79.2　　(2) 84.2　　(3) 88.7　　(4) 93.8　　(5) 98.8

■重要項目■

変圧器の全負荷効率を計算する公式は，
$$\eta = \frac{P\cos\theta}{P\cos\theta + P_c + P_i} \times 100 \quad [\%]$$
となる。

解説

変圧器の効率を計算する公式は，別の節でも説明しますが，次式となります。
$$\eta = \frac{\alpha P\cos\theta}{\alpha P\cos\theta + \alpha^2 P_c + P_i} \times 100$$

ここで，P [W]：**変圧器定格容量**　　P_c [W]：**全負荷銅損**
　　　　P_i [W]：**鉄損**　　　　　　　α：**変圧器の利用率**
　　　　$\cos\theta$：**負荷力率**

です。
この式の意味は，分母が変圧器入力で，分子が変圧器出力です。式で示しますと，
$$\eta = \frac{変圧器出力}{変圧器入力} \times 100 = \frac{変圧器出力}{変圧器出力 + \alpha^2 \times 銅損 + 鉄損} \times 100$$
となります。

解法

変圧器の出力 P [W]，鉄損 P_i [W]，全負荷銅損 P_c [%]，力率 $\cos\theta$ の時の全負荷効率 η [%] を表す式は，
$$\eta = \frac{P\cos\theta}{P\cos\theta + P_c + P_i} \times 100 \quad [\%] \qquad \cdots\cdots(1)$$

5. 変圧器の損失・効率

となります。

そこで，力率 100 [%]，全負荷効率 99 [%] の時は，

$$\frac{P}{P+P_c+P_i}\times 100 = 99 \quad [\%] \quad \cdots\cdots\cdots(2)$$

となります。

この(2)式から，P_c+P_i について，解くと

$$P=0.99P+0.99(P_c+P_i)$$

$$P_c+P_i=\frac{0.01}{0.99}P \fallingdotseq 0.01P \quad \cdots\cdots\cdots(3)$$

また，力率 80 [%] の時の全負荷効率 η_{80} [%] の式は，(1)式から，

$$\eta_{80}=\frac{0.8P}{0.8P+P_c+P_i}\times 100$$

(3)式を代入して

$$\eta_{80}=\frac{0.8P}{0.8P+0.01P}\times 100$$

$$=\frac{0.8}{0.8+0.01}\times 100$$

$$\fallingdotseq 98.8$$

となります。

よって，選択肢は，(5)となります。

正解 (5)

(2) 変圧器の全日効率，日負荷率

> この節で学ぶ事は，変圧器の効率計算です。変圧器の効率計算は，機械でも出題されますので，充分理解して下さい。

例題 定格容量 75 [kV・A] の変圧器があり，鉄損は 300 [W]，全負荷銅損は 1,200 [W] であるという。この変圧器を 1 日のうち 12 時間ずつ 1/3 負荷及び 2/3 負荷で運転した場合，全日効率 [%] の値として，正しいのは次のうちどれか。ただし，負荷の力率は 100 [%] とする。
(1) 92.8　　(2) 94.5　　(3) 97.1　　(4) 98.3　　(5) 99.0

重要項目

変圧器の効率 η [%] は，$\eta = \dfrac{負荷容量}{負荷容量 + 銅損 + 鉄損}$ [%]

負荷力率を $\cos\theta$，負荷率を α，変圧器の定格を $P\cos\theta$ [kW]，負荷容量を $\alpha P\cos\theta$ [kW] とすると，$\eta = \dfrac{\alpha P\cos\theta}{\alpha P\cos\theta + \alpha^2 p_c + p_i} \times 100$ [%]

となる。

解説

変圧器の損失は，負荷によって変動する負荷損と，負荷と無関係な無負荷損に分けられます。

また，負荷損の大部分は，銅損 p_c [W] と呼ばれる巻線内の抵抗で発生する損失です。よって，銅損は，負荷電流 I [A] に比例するので，負荷容量 $P_r(=RI^2)$ [kW] とは，2乗に比例します。

また，負荷率 α を式で表すと

$$\alpha = \frac{負荷容量}{変圧器容量}$$

ですから，負荷率とも2乗に比例します。

さらに，**無負荷損**は，大部分が，鉄心内で磁束によって発生する**ヒステリシス損**と**渦電流損**を足し算した鉄損 p_i [W] です。

以上から，負荷力率を $\cos\theta$，**負荷率**を α，変圧器の定格を $P\cos\theta$ [kW]，負荷容量を $\alpha P\cos\theta$ [kW] とすると効率 η [%] は，

$$\eta = \frac{負荷容量}{負荷容量 + 銅損 + 鉄損} \quad [\%]$$
$$= \frac{\alpha P\cos\theta}{\alpha P\cos\theta + \alpha^2 p_c + p_i} \times 100 \quad [\%]$$

となります。

解法

まず鉄損から計算します。

鉄損は，変圧器に電圧が印可されていれば，常に一定です。そこで1日の鉄損 p_i [W・h] は，

$$p_i = 300 \times 24 = 7{,}200 \quad [\text{W}\cdot\text{h}]$$
$$= 7.2 \quad [\text{kW}\cdot\text{h}]$$

次に，銅損 p_c [W・h] は，負荷率の2乗に比例するので，

$$p_c = 1{,}200 \times \left(\frac{1}{3}\right)^2 \times 12 + 1{,}200 \times \left(\frac{2}{3}\right)^2 \times 12 = 8{,}000 \quad [\text{W}\cdot\text{h}]$$
$$= 8 \quad [\text{kW}\cdot\text{h}]$$

また，変圧器の出力 P_o [W・h] は，力率が，100％＝1.0 なので，

$$P_o = 75 \times 10^3 \times \frac{1}{3} \times 12 + 75 \times 10^3 \times \frac{2}{3} \times 12 = 900 \times 10^3 \quad [\text{W}\cdot\text{h}]$$
$$= 900 \quad [\text{kW}\cdot\text{h}]$$

となります。

また，変圧器の全日効率 η の式は，

$$\eta = \frac{1\text{日の全出力電力量}}{1\text{日の全出力電力量} + 1\text{日の全銅損} + 1\text{日の全鉄損}} \times 100$$

となりますから，各値を代入して，

$$\eta = \frac{900}{900 + 8 + 7.2} \times 100 = 98.3$$

となります。

よって選択肢は，(4)となります。

正解 (4)

6. 流込み式・調整池式・貯水池・揚水式発電所

(1) 水力発電所運用

> この節で学ぶ事は，流込み式発電の計算です。降雨がどの様に発電に利用されるか，水力発電の公式を含めて覚えましょう。

例題 流域面積 250 [km²]，年間降水量 1,500 [mm]，流出係数 70 [％] の水力地点がある。有効落差 40 [m] とすれば，何キロワットの流れ込み式発電所ができるか。正しい値を次のうちから選べ。ただし，水車と発電機の総合効率は 90 [％] とし，また，流量は年間平均しているものとする。
(1) 300　　(2) 2,930　　(3) 3,350　　(4) 4,260　　(5) 4,770

重要項目

水力発電の公式
$$P = 9.8QH\eta \quad [kW]$$

解説

水力発電の公式は，発電出力を P [kW]，有効落差を H [m]，総合効率を η とすると，
$$P = 9.8QH\eta \quad [kW]$$
となります。

また，発電に利用できる出水量 W [m³] は，降水量を h [mm]，流域面積を A [km²]，流出係数を k とすると，
$$W = A\,[km^2] \times h\,[mm] \times k \times 1,000 \quad [m^3]$$
となります。

解法

1年間で，発電に利用できる出水量 W [m³] は，
$$W = 250 \times 10^6 \times 1,500 \times 10^{-3} \times 0.7$$
$$= 2.625 \times 10^8 \quad [m^3]$$

また，1年を通して平均に利用できるので，1秒当りに利用できる流量 Q [m³/s] は，
$$Q = \frac{W}{365 \times 24 \times 60 \times 60} = \frac{2.625 \times 10^8}{3.1536 \times 10^7} \fallingdotseq 8.32 \quad [m^3/s]$$

ゆえに，水力発電の公式より，有効落差を H [m]，総合効率を η とすると，発電出力 P [kW] は，

6. 流込み式・調整池式・貯水池・揚水式発電所

$P = 9.8QH\eta$
$= 9.8 \times 8.32 \times 40 \times 0.9$
$= 2,935$

となります。

よって，選択肢は，(2)となります。

正解 (2)

(2) 調整池式水力発電の運用計算

この節で学ぶ事は，全流量を貯水できる調整池式水力発電所の発電計算です。ポイントを理解すれば，簡単に解けるのでじっくり学んで下さい。

例題 有効落差 100 [m] の調整池式水力発電所がある。河川の流量が 10 [m³/s] で安定している時期に，毎日図のように 16 時間は発電せずに全流量を貯水し，8 時間だけ自流分に加えて貯水分を全量消費して発電を行うものとすれば，この発電電力 [kW] はいくらか。

ただし，水車及び発電機の総合効率は 85 [%] とする。

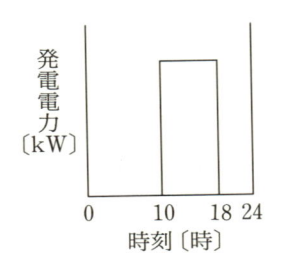

(1)　10,000　　(2)　15,000　　(3)　20,000　　(4)　25,000　　(5)　30,000

重要項目

全流量を貯水できる調整池式水力発電所で T 時間発電する時の流量は，

$$\text{流量 } Q\,[\text{m}^3/\text{s}]\,(T\text{時間で消費する})=\frac{\text{水量（24 時間で入水する量）}}{T\text{ 時間}}\ [\text{m}^3/\text{s}]$$

水力発電の公式は，$P=9.8QH\eta$　[kW]

ここで，Q：流量 [m³/s]

H：有効落差 [m]

η：総合効率 [%]

解説

この問題は，発電に利用できる流量 Q [m³/s] をどのように計算するかと，発電電力 P [kW] をどのように計算するかが，ポイントです。

まず流量 Q [m³/s] の求め方ですが，調整池によって河川の全流量を貯水し，8 時間だけ自流分に加えて貯水分を全量消費して発電を行うのです。ですから，入水と出水が等しいことになります。よって，入水が全て発電用に使われるので 24 時間で入水する量を T 時間で消費するとして，流量 Q [m³/s] を求めます。

6. 流込み式・調整池式・貯水池・揚水式発電所

すなわち,

　　水量(24 時間で入水する量)＝河川の流量×24 時間

　　流量 Q [m³/s] (T 時間で消費する) $= \dfrac{\text{水量}(24 \text{ 時間で入水する量})}{T \text{ 時間}}$

　　　　　　　　　　　　　　　　　　　$= \dfrac{\text{河川の流量}×24 \text{ 時間}}{T \text{ 時間}}$　[m³/s]

となります。

次に,発電電力 P [kW] ですが,これは,水力発電の公式を使います。

水力発電の公式は,$P = 9.8QH\eta$ [kW]

　　　　　　　　　ここで, Q：流量 [m³/s]
　　　　　　　　　　　　　H：有効落差 [m]
　　　　　　　　　　　　　η：総合効率 [％]
　　　　　　　　　　とする。

です。

以上から発電電力 P [kW] を計算することができます。

解法

河川の流量が 10 [m³/s] ですから,24 時間で調整池式水力発電所で利用できる水量 V [m³] は,

　　$V = 10 × 60 × 60 × 24$　[m³]

となります。

この水量 V [m³] を 8 時間で消費するので 1 秒当りの流量 Q [m³/s] は,

　　$Q = \dfrac{10 × 60 × 60 × 24}{60 × 60 × 8} = \dfrac{240}{8} = 30$　[m³/s]

となります。

よって,発電電力 P [kW] は,水力発電の公式から,

　　$P = 9.8QH\eta$
　　　$= 9.8 × 30 × 100 × 0.85$
　　　$≒ 25{,}000$

　　　　ここで, Q：流量 [m³/s]
　　　　　　　　H：有効落差 [m]
　　　　　　　　η：総合効率 [％]
　　　　とする。

となります。

よって,選択肢は,(4)となります。

正解 (4)

7. 力率改善・コンデンサ

> この節で学ぶ事は，電力コンデンサによる力率改善です。電力コンデンサとベクトルを対応させて，勉強して下さい。

例題 定格容量 1,000 [kV・A] の変圧器から 680 [kW]，遅れ力率 0.8 の負荷に電力を供給している。いま，120 [kW]，遅れ力率 0.6 の負荷を増設する必要を生じた。変圧器を増設しないで，力率改善により対処する場合，設置すべきコンデンサの最小容量 [kvar] はいくらか。正しい値を次のうちから選べ。
(1) 50　　(2) 70　　(3) 160　　(4) 200　　(5) 510

‖ 重要項目 ‖

電力の無効分と有効分を考えるときは，それぞれに分解して，計算する。

計算は，$S=\sqrt{P^2+Q^2}$，$P=S\cos\theta$，$Q=S\sin\theta$ 等を使って解く。

計算は，常にベクトル図で，計算の考え方に問題無いことを確認する。

解説

電力の無効分と有効分を考えるときは，それぞれに分解して，計算する必要があります。本問の場合も，最終的には，必要な無効電力を求めているので，無効分と有効分に分解して，計算します。

計算は，$S=\sqrt{P^2+Q^2}$，$P=S\cos\theta$，$Q=S\sin\theta$ 等を使って解くことができます。また，計算は，常にベクトル図で，計算の考え方に問題無いことを確認しながら進めます。

解法

まず，負荷を増設する前，負荷 $P_1=680$ [kW] の時の皮相電力 S_1 [kV・A] を求めると，

$$S_1=\frac{680}{0.8}=850 \quad [\text{kV}\cdot\text{A}]$$

よって，その時の無効電力 Q_1 [kvar] は，

$$Q_1=S_1\sqrt{1-0.8^2}=850\times0.6=510 \quad [\text{kvar}]$$

同様に，増設する負荷 $P_2=120$ [kW] の時の皮相電力 S_2 [kV・A] は，

$$S_2=\frac{120}{0.6}=200 \quad [\text{kV}\cdot\text{A}]$$

その時の無効電力 Q_2 [kvar] は，

7. 力率改善・コンデンサ

$Q_2 = S_2\sqrt{1-0.6^2} = 200 \times 0.8 = 160$ 〔kvar〕

以上をベクトル図で書くと図 8-2 となります。

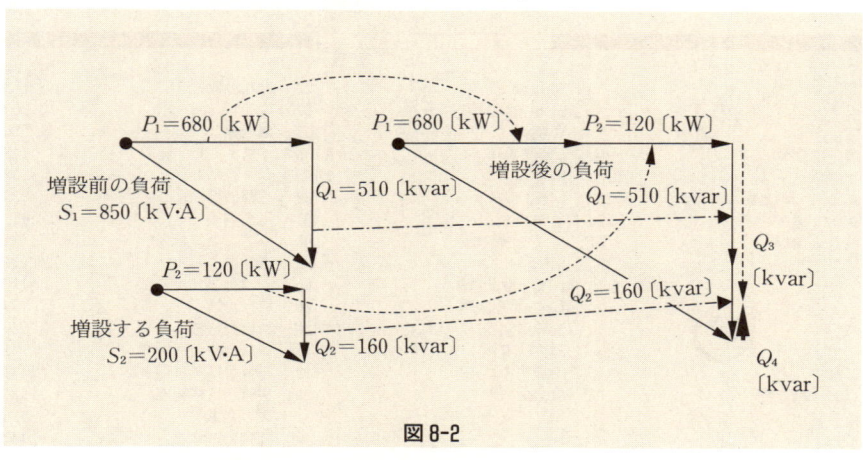

図 8-2

図 8-2 から負荷増設後の有効電力 P〔kW〕と無効電力 Q〔kvar〕は，

　　$P = 680 + 120 = 800$ 〔kW〕

　　$Q = 510 + 160 = 670$ 〔kvar〕 ……………(1)

となります。

次に，有効電力が $P = 800$〔kW〕の時，定格容量 1,000〔kV・A〕が担うことのできる無効電力 Q_3〔kvar〕は，

　　$Q_3 = \sqrt{1{,}000^2 - 800^2} = 600$ 〔kvar〕 ……………(2)

よって，増設の必要な電力コンデンサ容量 Q_4〔kvar〕は，(1), (2)式を比較して

　　$Q_4 = Q - Q_3 = 670 - 600 = 70$ 〔kvar〕

となります。

よって，選択肢は，(2)となります。

正解　(2)

索 引

あ
アーク加熱	200
アドミタンス	79, 81
ある方向の光源の輝き	192
アルミ被ケーブル	222
安全の確保	37
アンチモン	105

い
E種	165
いおう酸化物	126
意見具申	36
維持	39
位相遅れ回路	190
一次遅れ要素	190, 191
一次電池	202
一次冷却材	131
一次冷却材ポンプ	130, 131
1線地絡	248
一番知識レベルの高い時	34
一番良い本	24
1ファラデー	204
一部の高周波誘導炉	200
一般用電気工作物	37, 38
インターネット	25
インターネットでの学習	25
インダクタンス	62, 86
インバータ機器	88
インピーダンス	81

う
薄けい素鋼帯	163
渦電流損	162, 163, 258
U 238	132
運動エネルギー	102
運用	39
運良く合格の真実	28

え
営業力	35
A種	165
A種接地工事	248
A問題とB問題	26
液体ナトリウム	132

SI 単位	27
SI 単位に対応	27
H 種	165
n 形半導体	104, 105
F 種	165
FBR	132
エミッタ	107
エミッタ接地	106
MI ケーブル	223
L-C 直列回路	86
L-C 並列回路	86
演算増幅器	108
円筒状導体	52
鉛被ケーブル	222
塩溶炉	200

お
応用問題	26
オームの法則	72
屋内用ビニル絶縁電線	228
オフセット端子	108
オペアンプ	108
温度係数	71
温度差	198

か
加圧水形	130, 132
加圧水形原子炉	131
外国人	40
界磁電流	175
回転子	184
回転磁界	184
回転速度の公式	170
回答を先に見ない	27
開閉器	240, 241
ガウスの定理	50
化学当量	204
架橋ポリエチレン	160, 161
架空地線	142, 143
架空電線	143
架空電線路	220, 221, 251
学習するソフト	25
学習ペース	24, 25
核燃料	132
各負荷の最大需要電力の合計	255
角変位	136
過去問題集	24
過去問題の類題	34

重ねの理	82, 83
重巻	169
架渉線	250
ガスタービン発電	128
ガス冷却形	132
活躍の場	35
可動羽根	112
カドミウム合金	132
過熱器	120, 121
ガバナフリー運転	118
科目合格	34
科目合格者	20
科目合格留保制度	21
科目合格を目指す	31
科目別合格制度	21
火力発電	120
間欠アーク	141
環状鉄心	65
完全拡散面	192, 194
簡単に解ける問題	30
感電死傷事故	234
監督	37, 38, 39
監督できる範囲	39
監督範囲	39, 232

き
機械式ガバナ	118
機械出力	182, 184
企画	36
基準容量	151
起磁力	64
起電力の方向	61
輝度	192, 194
逆フラッシオーバ	142
キャパシタンス	86
キャリア	104
給与が上がる	36
教育機関	26
協会に入る	35
共振	86
共振現象	86
共振周波数	86
共振条件	86
極座標形式	92
極数	168
極性判定	178
極板間	54
許容電流	160
ギリシャ文字	32

索　引

き
汽力発電所	122
キルヒホッフの法則	77, 152, 153
禁固刑	36
金属管工事	226
金属ダクト工事	226

く
空気の誘電率	54
空白の穴埋め問題	26
クーロンの法則	48
グラム当量	204
繰返し周期	19, 47
繰返して出題	32
クリプトール炉	200
クロスボンド接地方式	158
クロロプレン外装ケーブル	223

け
経営者	36
経済産業局	43
計算問題	26, 47
軽水	132
軽水炉	130
けい素	104
けい素鋼板	162
系統周波数	118
ゲイン定数	191
ケーブル工事	226
ケーブルの充電電流	158
ゲーム感覚で学習	25
結果通知書	41
ゲルマニウム	104
原子価	202, 204
原子量	202, 204
原子力発電	130
原子炉圧力容器	130
原子炉の構成	130
原子炉の特徴	132
厳選した問題	31
元素	105
減速材	132
検電	240
検討の価値ある学習法	24
現場でも役立つ知識	36

こ
高圧水銀ランプ	195
高圧ナトリウムランプ	195
高圧放電灯	195
合格してから	34
合格しにくい人	22
合格しやすい人	22
合格体験記	28
合格難易度	16
合格の確実性	24
合格発表	21
合格ライン	18
合格ライン調整	18
合格率	16, 36
合格レベル	34
合格を保証	31
光源	193
講師の指導	24
講習会	41
高出力形蛍光ランプ	195
高純度	104
公称電圧	244
降水量	117
合成インダクタンス	66, 67
合成最大需要電力	254, 255
合成樹脂管工事	228, 229
合成静電容量	56
高速増殖炉	132
高速中性子炉	132
光束発散度	192, 194
高調波	88
高調波の実効値	88, 89
高低圧混触	248
高抵抗接地方式	141
光度	192
構内	39, 232
黒鉛	132
黒鉛化炉	200
誤差率	94, 95, 100
5者択一式	21
コレクタ	107

さ
サーボ系	188
最外殻電子	105
最外殻電子数	105
最高許容温度	164
最高効率時の負荷	256
最大供給電流	242
最大需要電力	254, 255
最大使用電圧	225, 244
再熱蒸気温度	122
サイリスタ	210
詐欺まがい	25
測定範囲	98
差電圧	178
差動増幅器	108
差動入力	108
作用静電容量	158
3〜5年周期	19
参考書は、レベルが高い	23
3心共通ケーブル	160
三相交流回路	90

三相交流回路の電力	92
三相送電	78
三相短絡曲線	174
三相電力	96
三相同期発電機	174
三相ブリッジ整流回路	210, 211
三相誘導電動機	182
三相誘導電動機の比例式	184
残留電荷	240, 241

し
GCR	132
C種	165
C種接地工事	248
シース回路損	158
CDケーブル	222, 223
シェーンヘル炉	200
磁界	58
磁界中の電子の運動	102
資格取得後にやるべき事	35
資格手当	14
資格の概要	37, 38
磁化特性曲線	162
自家用電気工作物	37, 38
磁気	58
磁気エネルギー	68
磁気回路	64
磁気回路のオームの法則	64
磁気抵抗	64, 65
事業主	39
事業用電気工作物	36, 38, 232
磁極数	169, 171
試験結果通知書	41
試験結果通知書を紛失	41
試験実施日	19
試験終了直後	34
試験場	21
試験地を変更	41
試験手数料	19
試験に出やすい問題	31
試験に出る問題	28
試験範囲	16
試験日	21
試験日までの日数	29
試験問題作成者	34
自己インダクタンス	66
事故報告	234
自己容量	150
支持物	251
磁性材料	162
施設管理	240
支線	250, 251
支線の安全率	250, 251
磁束	64
磁束密度	58, 162, 168
湿式排煙脱硫装置	126
知ってほしい事	32

索引

実務経験	39	真の値	94, 101	測定器の誤差率	94
時定数	191	人脈	35	測定器の測定範囲	98
自動制御	186	真理値表	212, 213, 214	測定値	94, 101
弱点問題	28			測定電力量	97
弱点を克服	28			速度調定率	118
遮へい	142	**す**		速報	234
断路器	241			側方	220
住所が変わった	41	水車の種類	112	素線条数	250
充電容量	158	水平距離	220		
重点を置く勉強法	28	水力発電所の出力	116		
周波数伝達関数	186, 187, 188	水力発電の公式	116, 206, 260	**た**	
周波数特性	186	ステップ応答	190, 191		
重要な資格	36	すべり	182	タービン	120, 121
重要な仕事	36			耐圧試験	243
ジュール熱	162			第1次接近状態	220
受験資格	19	**せ**		第一種電気工事士	238
受験対策	22			第1種電気主任技術者	38
受験動機	22	制御遅れ角	210, 211	大気汚染防止	126
受験仲間	25, 27, 30	制御材	132	第3種電気主任技術者	38, 232
受験申込	40	正誤問題	26	対称三相起電力	96
受験申込書	40	静電エネルギー	56	対地静電容量	144, 248
受験申込書受付期間	19	静電誘導障害	144	第2次接近状態	220
受験申込書配布時期	19	静電容量	54	第二種電気工事士	238
主蒸気圧力	123	静電力	48	第2種電気主任技術者	38
主蒸気温度	122	整流回路	210	蓄えられるエネルギー	68, 69
出題傾向	19	整流器用変圧器	210	楽しく勉強	27
出題傾向とその対策	31	析出量	202	たるみ（ちど）	156
出題傾向を分析	31	積層鉄心	162, 163	他励直流電動機	170
出題される問題	47, 111, 167, 219	責任	36	単位記号	32
出題の傾向	47, 111, 167, 219	絶縁材料	164	単位ステップ応答	190
出題レベル	16	絶縁材料と種別	164	単位長さ当たりに働く力	59
出力インピーダンス	108	絶縁性能	224	単位面積	53
出力信号	186, 187	絶縁電線	228	炭化ホウ素	132
出力信号電圧	188	接近状態	220	炭酸ガス	132
出力抵抗	106, 107	節炭器	120	節炭器	121
受電設備	37	接地工事の種類	248	端末処理	161
受電設備管理	240	設備容量	254, 255	タンマン炉	200
受電用ケーブル	240, 241	設備利用率	124, 125	短絡試験	154
受電用遮断機	240, 241	全科目合格	34	短絡電流	150, 175
需要設備	37, 38	全科目合格した時	34	短絡比	174, 175
主要電気工作物の損壊事故	234, 235	線電流	91	短絡容量	150
需要率	254	選任	39	断路器	240
使用可能な電卓	18	全負荷銅損	256		
蒸気サイクル	120				
蒸気発生器	131, 133	**そ**		**ち**	
消弧リアクトル接地方式	140, 141				
使用電圧	242	造営材	226	地位	14
衝動水車	112	相回転	136	地位が保証	36
蒸発管	121	相互インダクタンス	66, 67, 68, 69	力の方向	61
蒸発器	120	相対速度	184	知識ゼロ	34
詳細	234	相談相手	30	地中ケーブル	160
上方	220	想定最大引張力	250	窒素酸化物	126
情報処理	212	想定される問題レベル	18	柱上区分開閉器	240, 241
所轄産業保安監督部長	234	送配電線の損失低減	242	中性点接地の目的	140
初期設定	216	送配電線路	140	中性点接地方式	140
所要出力	206, 208	送風機	208	調整池式	260
真空中の透磁率	58	送風機負荷	208	調整池式水力発電	262
真空中の誘電率	48	増幅率	107	張力	250
真性半導体	104, 105	総揚程	207	直撃雷	143

索引

直接式抵抗炉		200
直接接地		140
直接接地方式		141
直並列接続抵抗の合成抵抗		76
直流回路		70
直流機		168
直流電動機の基本式		171
直流の誘導起電力		169
直流発電機の基本式		168
直流発電機の全導体数		168
直流分巻発電機		168
直列共振		86
直列接続の静電容量		56
貯水池		116, 260
直管形放電灯		192

つ

通信教育	25
通信教育のカリキュラム	25
通知書等の再交付	41
通風機	208

て

低圧屋側電線路	226, 228
低圧屋内配線	229
低圧架空電線路	242
低圧電線路の絶縁性能	242
低圧ナトリウムランプ	195
低圧配電盤	240, 241
低圧放電灯	195
D 種接地工事	228, 248
D 種接地抵抗	247
低 O_2 運転法	126
低けい素鋼帯	163
抵抗	198
抵抗温度係数	75
抵抗接地	140
抵抗接地方式	141
抵抗の温度係数	74
抵抗率	70
抵抗炉	200
低周波るつぼ形炉	200
定常特性	188
定数	32
定性的に回答	26
低抵抗接地方式	141
鉄損	256
デフレクタ	112
Δ 結線	78
Δ-Δ 結線	90
Δ-Y 変換	81
Δ-Y 変換法	90
電圧源	82, 83
電圧降下	152
電圧降下率	152

電圧変動率		180
電位		48
電位差		54, 198
電荷		50, 54
電界		52
電界エネルギー		102
電界によって得るエネルギー		102
電界の強さ		48, 50
電界の法則		50
電荷の総量		57
電気回路と磁気回路の類似性		64
電気化学当量		202
電気科卒業レベル		18
電気加熱		200
電気関係報告規則		234
電気管理士		14
電気管理士事務所		14, 15
電気管理事務所		35
電気技術者試験センター		44, 45
電気技術者として独立		35
電気技術者の登竜門		36
電気技術者の必要な知識		36
電気計器		94
電気工作物		37, 38
電気工事会社		35
電気工事士		238
電気工事士法		37, 238
電気工事を行う人に必要な資格		37
電気災害事故		234
電機子回路の内部抵抗		170
電気式ガバナ		118
電気事業者		230, 231
電気事業法		37, 230
電気事業用電気工作物		37
電機子抵抗		171, 172
電機子電流		175
電機子導体数		168, 169
電機子導体の総数		171
電機子の直径		168
電機子巻線		168
電機子巻線の並列回路数		171
電気集じん装置		126
電気主任技術者の地位		36
電気使用設備		37, 38
電気設備		36
電気設備技術基準		220, 230, 231
電気設備技術基準の解釈		222
電気抵抗		70
電気保安		38
電気用品		236
電気用品安全法		236
電気力線		50, 51
電気力線の数		50
電気力線密度		50, 51, 52
電験 3 種		18
電験 3 種合格レベル		23
電験受験用のビデオ		24
点検料		15
点弧角		210

電子		104
電子の質量		102
電子の速度		102
電子の電荷		102
電磁誘導		62
電磁力		60
電線水平張力		156
電線接続箱		228
電線弛度		157
電線路の絶縁抵抗値		242
電卓の使用		41
伝達関数		190
電熱		196
天然ウラン		132
電流		198
電流源		82
電流増幅率		106
電力損失		154
電力損失率		154
電力保安通信線複合		
アルミ被ケーブル		223
電力保安通信線複合		
クロロプレン外装ケーブル		223
電力保安通信線複合		
鉛被ケーブル		223
電力保安通信線複合		
ビニル外装ケーブル		223
電力保安通信線複合		
ポリエチレン外装ケーブル		223
電力用コンデンサ		240, 241
電力量計		97
電力量への換算		196

と

等価回路	182
等価抵抗負荷	182
同期インピーダンス	174, 175
同期機	172
同期速度	184
同期発電機	172
同極性	178
同期リアクタンス	172
透磁率	64
導体球	50, 51
導体最高許容温度	158
導電率	198
得意な解き方	28
特殊電気工事資格者	238
特定電気用品	236
独立	35
解けない問題	30
解ける問題	19
ドナー	104
どのような仕事をするのか	36
トランジスタ増幅回路	106
トリプレックスケーブル	160

索引

な
内部相差角	172, 173
内部抵抗	100
流込み式	260
70点を目指す	31
波巻	169
難易度	18
何冊の本で勉強	30

に
ニードル	112
苦手な分野	31
二次電池	202
二次銅損	182, 184
二次入力	182, 184
二次冷却材	131
日負荷率	258
ニッケル・カドミウム蓄電池	202
ニッケルクローム発熱体炉	200
入会条件	35
入力インピーダンス	108
入力信号	186, 187
入力信号電圧	188
認定電気工事従事者	238

ね
ネオン工事資格者	238
ネオンランプ	195
熱効率	124, 125
熱効率向上策	122
熱損失	198
熱中性子炉	132
熱抵抗	160, 198
熱伝導率	198, 199
熱のオームの法則	198, 199
熱流	198, 199
熱量	196
年間降雨量	116
年間降水量	260
年間発生電力量	117

の
濃縮ウラン	132
ノズル	112

は
パーセントインピーダンス%Z	148
%インピーダンス法	150
%Z	148
High Intensity Discharge	195
排煙脱硝装置	126
ばいじん	126
HIDランプ	195
倍率器	98
波及事故	234, 235
白熱ランプ	195
バケット	112
端口	229
端効果	54
バスダクト工事	226, 227
パソコンのソフト	25
パソコン用CD-ROM	25
発電用水車	112
ハロゲン電球	195
パワーエレクトロニクス	210
反対極性	178
反転入力端子	108
反動水車	112
半導体	104

ひ
B-H曲線	162
p形半導体アクセプタ	104
B種	165
B種接地工事	248
B種接地工事の抵抗値	248
B種接地抵抗	247
B種接地抵抗値	246
BWR	132
PWR	132
引き留め	250
非常用予備発電装置工事資格者	238
ヒステリシス損	162, 163, 258
ヒステリシス特性	162
ひずみ波交流	88
ひずみ率	88
非接地	140
非接地方式	140
ひ素	105
左手の法則	61
必要な施策	36
ビデオ学習	24
比透磁率	64, 162
非突極三相同期発電機	172, 173
ビニル外装ケーブル	222
非反転入力端子	108
100点を目指す	22
平等電界	102
避雷器	142, 143
微量注入	105

ふ
ファラデー	204
ファラデー定数	202
ファラデーの法則	62, 168, 202, 204
負荷角	172, 173
負荷設備	37
負荷トルク	170
負荷分担	136
負荷力率	256
負荷率	254, 256, 258
副収入	15
復水器	120, 121
復水器真空度	122
複素数形式	92
不純物	104, 105
不純物半導体	104
布設条数	158
沸騰水形	130, 132
不等率	254
不平均張力	250
ブラシの電圧降下	170
フラッシオーバ	141
ブリッジ回路	84
ブリッジが平衡	85
古い参考書	27
プルトニウム	132
pu法	150
フレミングの左手の法則	60, 61
プログラム言語	215
プロセス系	190
ブロック	216
Pu 239	132
分子量	204
分流器	98

へ
併架	250
平均需要電力	254, 255
平衡三相回路	92
平衡条件	84
平行平板コンデンサ	54
平行平板導体	52, 53
並列回路数	169
並列共振	86
並列接続の合成抵抗	76
並列接続の静電容量	56
並列抵抗	73
並列導体数	168
ベクトルの表現形式	92
ヘリウムガス	132
ペルトン水車	112
変圧器	176
変圧器定格容量	256
変圧器の極性	178
変圧器の結線	134
変圧器の効率	154, 256
変圧器の試験	178
変圧器の全日効率	258
変圧器の損失	256
変圧器の電圧変動率	180

索 引

変圧器の特性	180
変圧器の利用率	256
変圧器の励磁電流	176
変圧器並列運転	136
変圧比	136
勉強時間	29
勉強スケジュール	29
勉強法	23
変電設備	134

ほ

保安	37
保安監督	36
保安を監督	36
方向性けい素鋼帯	163
報告規則	234
放射線事故	234, 235
棒状抵抗体	70
ホウ素	132
ホウ素鋼	132
ホール	104, 105
ほとんど出ない問題	28
ポリエチレン外装ケーブル	222

ま

マークシート	21
毎極の磁束	168, 169
埋設深さ	158
毎年のように出題	28
巻数比	180

み

右手の法則	61
右ねじの法則	58
水の蒸発熱	196

む

無効放流	116
無電圧	241
無負荷試験	154
無負荷損	258

無負荷飽和曲線	174
無負荷誘導起電力	180

め

メタルハライドランプ	195
メディア	24
免状交付申請	20
免状申請	34
免状の種類	38, 39
免状を紛失	41

も

目標点数	33
模範解答	32
モル	203, 204
問題別勉強法	26

ゆ

有効落差	116
誘電率	50
誘導加熱	200
誘導機	182
誘導起電力	168, 172
誘導障害防止	144
誘導電動機	184

よ

良い問題集	24
揚水	112
揚水式発電所	260
揚水ポンプの公式	206
揚水ポンプ用電動機	206
揚程	206
揺動式アーク炉	200
よく出る問題	28
予想問題集	24

ら

雷害対策	142

雷過電圧	143
雷電流	143

り

力率改善	264
利得	108
流域面積	116, 260
流出係数	116, 260

る

類似問題	19, 31, 34
ループ条件	216

れ

冷間圧延けい素鋼帯	163
冷却材	132
例題の多く書いてある参考書	24
レベルの高い問題	24
連想して記憶	27
レンツの法則	62

ろ

漏えい電流	242
六相半波整流回路	210, 211
600 V ビニル絶縁電線	228
論説問題	26, 47
論理回路	212, 213

わ

Y結線	78
Y種	165
Y-Δ変換	78, 81
Y-Y結線	90
解らない問題	30
私が勧める本	24
和電圧	178

あ と が き

　やっと原稿を書終えることができました。
　原稿の依頼を受けた時，正直言って，はじめは，お引き受けできるかどうか悩みました。「電験三種に手っ取り早く合格できる本」ということで，それは，やりがいがある反面，大変な仕事になります。でも編集長から，「何年でも待ちますから」と言う言葉を頂き，そこまで言われては，やるしかないと執筆を決意したしだいです。思えば，岡崎編集長から，1年前に原稿依頼を受けてから，試行錯誤・苦闘の連続でした。
　電験受験生に，「この本で合格しました」と言って頂ける本にしようと，今までの受験指導の経験と様々な情報から研究しました。本書冒頭の「これで合格！受験対策」もその中から生まれました。「これで合格！受験対策」は，電験受験生に「必ず合格するんだ」と言う決意を持って頂くものです。また，電験3種に，効率的に合格できる方法を力説しています。
　この本を一読してもらえれば，電験3種に，効率的に合格できる方法を会得して頂けると思います。著者は，そのつもりで，合格への最短の道を示したつもりです。重要項目が，その道しるべとなります。70点の得点で合格できるように計算したつもりです。
　ぜひ皆さんも，電験3種合格の栄冠を最短の道で，勝ち得てください。
　それから，出題傾向を分析するのに参考にさせて頂いた図書を紹介しておきます。本書で培った実力を試してみるのにも良い図書だと思います。
　電気書院：「電験3種模範回答集」電験問題研究会　著
　　　模範回答集の定番として，実績のある本です。模範解答も詳細に書かれています。
　オーム社：「電験三種完全解答」河村　博　著
　　　電験ドクター河村先生による最新10ヵ年分の既往問題と模範解答を簡潔に収録しています。
　技術評論社：「過去10年問題集」坂林和重　他2名共著
　　　私が書いた本です。科目ごとに分冊で，過去10年の問題を模範解答しました。
　最期になりましたが，イラストを提供頂いた中島宏幸氏，弘文社の皆さん，関係各位に厚く御礼申し上げます。

著者

著者略歴

坂林　和重（さかばやし　かずしげ）

　　　中央大学　理工学部　兼任講師

　　　技術士（電気・電子部門）合格
　　　エネルギー管理士（電気・熱）合格
　　　電験3種合格
　　　電験2種合格
　　　電験1種合格
　　　第一種電気工事士合格

　　　著者ホームページ「電気と資格の広場」
　　　URL（ＰＣ用）：http：//cgi.din.or.jp/~goukaku/
　　　　　（携帯用）：http：//cgi.din.or.jp/~goukaku/iMode/
　　　JES 技術士事務所所長

『みんなで楽しく電気の資格を取得しよう』を合い言葉に，ホームページ「電気と資格の広場」を運営しています。ぜひあなたもインターネットで「電気と資格の広場」に来てみて下さい。あなたが来るのを受験仲間が待っています。

プロが教える
電験3種　受験対策

著　　者	坂林　和重
印刷・製本	㈱ 太洋社

発　行　所	株式会社 弘文社	〒546-0012 大阪市東住吉区中野2丁目1番27号 ☎　(06)6797－7441 FAX　(06)6702－4732 振替口座　00940－2－43630 東住吉郵便局私書箱1号
代　表　者	岡崎　達	

落丁・乱丁本はお取り替えいたします。

国家・資格シリーズ 〈A5判〉

電気工事士試験

- プロが教える第1種電気工事士筆記試験
- プロが教える第2種電気工事士筆記試験
- わかりやすい第1種電気工事士筆記試験
- わかりやすい第2種電気工事士筆記試験
- よくわかる第1種電気工事士筆記問題集
- よくわかる第2種電気工事士筆記問題集
- これだけはマスター第1種電気工事士筆記
- これだけはマスター第2種電気工事士筆記
- 楽しく学ぶ！第1種電気工事士合格大作戦
- 楽しく学ぶ！第2種電気工事士合格大作戦
- 第1種電気工事士筆記試験50回テスト

電験3種試験

- プロが教える　電験3種受験対策
- プロが教える　電験3種テキスト
- プロが教える　電験3種重要問題集
- 合格への近道　電験3種（理論）
- 合格への近道　電験3種（電力）
- 合格への近道　電験3種（機械）
- 合格への近道　電験3種（法規）

造園施工管理技士試験

- 例題で学ぶ！1級造園施工管理技士
- 例題で学ぶ！2級造園施工管理技士
- 1級造園施工管理技士実地試験対策
- 2級造園施工管理技士実地試験対策

電気工事施工管理技士試験

- 合格への近道　1級電気工事施工管理（学科）
- 合格への近道　2級電気工事施工管理（学科）
- 合格への近道　1級電気工事施工管理（実地）
- 合格への近道　2級電気工事施工管理（実地）
- 最速合格！1級電気施工（学科）50回テスト
- 最速合格！1級電気施工（実地）25回テスト
- 最速合格！2級電気施工（学科）50回テスト
- 最速合格！2級電気施工（実地）25回テスト

土木施工管理技士試験

- これだけはマスター1級土木施工（学科）
- これだけはマスター2級土木施工管理
- 4週間でマスター1級土木施工管理（学科）
- 4週間でマスター1級土木施工管理（実地）
- 4週間でマスター2級土木（学科・実地）
- 4週間でマスター2級土木施工管理（実地）
- よくわかる！1級土木施工管理（学科）
- よくわかる！1級土木施工管理（実地）
- よくわかる！2級土木施工管理（学科）
- よくわかる！2級土木施工管理（実地）

建築施工管理技士試験

- 最速合格！1級建築施工（学科）50回テスト
- 最速合格！1級建築施工（実地）25回テスト
- 最速合格！2級建築施工（学科）50回テスト
- 最速合格！2級建築施工（実地）25回テスト

国家・資格試験シリーズ 〈A5判〉

危険物取扱者試験

これだけ！甲種危険物合格大作戦!!
これだけ！乙種総合危険物合格大作戦!!
これだけ！乙種4類危険物合格大作戦!!
わかりやすい！甲種危険物取扱者試験
わかりやすい！乙種1・2・3・5・6類危険物試験
わかりやすい！乙種4類危険物取扱者試験
わかりやすい！丙種危険物取扱者試験
実況ゼミナール甲種危険物取扱者試験
実況ゼミナール　科目免除者のための乙種1・2・3・4・5・6類危険物試験
実況ゼミナール乙種4類危険物試験
実況ゼミナール丙種危険物取扱者試験
暗記で合格！甲種危険物取扱者試験
暗記で合格！乙種総合危険物試験
暗記で合格！乙種4類危険物試験
暗記で合格！丙種危険物取扱者試験
最速合格！乙4危険物でるぞ～問題集
最速合格！丙種危険物でるぞ～問題集
直前対策！乙種4類危険物20回テスト
本試験形式！甲種危険物模擬テスト
本試験形式！乙1・2・3・5・6類模擬テスト
本試験形式！乙4危険物模擬テスト
本試験形式！丙種危険物模擬テスト
スピードマスター！
乙種第4類危険物取扱者試験

消防設備士試験

わかりやすい！第4類消防設備士試験
わかりやすい！第6類消防設備士試験
わかりやすい！第7類消防設備士試験
本試験によく出る！
第4類消防設備士問題集
本試験によく出る！
第6類消防設備士問題集
本試験によく出る！
第7類消防設備士問題集
これだけはマスター！
第4類消防設備士試験　筆記＋鑑別編
これだけはマスター！
第4類消防設備士試験　製図編
直前対策！第4類消防設備士模擬テスト
やさしい第4類消防設備士
スピードマスター第4類消防設備士テキスト
スピードマスター第4類消防設備士問題集

毒物劇物取扱者試験

わかりやすい！毒物劇物取扱者試験
これだけはマスター！基礎固め
毒物劇物取扱者試験

ボイラー技士試験

これだけ！1級ボイラー合格大作戦
これだけ！2級ボイラー合格大作戦
最速合格！1級ボイラー40回テスト
最速合格！2級ボイラー40回テスト